AF314258

ESQUISSE

D'UNE

TOPOGRAPHIE et d'une STATISTIQUE

AGRICOLES

DE L'ARRONDISSEMENT DE TOUL

ESQUISSE

D'UNE

TOPOGRAPHIE

ET D'UNE

STATISTIQUE

agricoles

DE L'ARRONDISSEMENT DE TOUL.

MÉMOIRE

lu au Comice de cet arrondissement en décembre 1847,

PAR LE Dr **P.-S. DENIS,** (DE COMMERCY), MÉDECIN A TOUL,

MEMBRE DE CE COMICE.

TOUL,

IMPRIMERIE DE Ve BASTIEN, RUE MICHATEL, 55.

1848.

Nous sommes arrivés à une époque où tout doit avoir pour but immédiat ou éloigné, l'exercice libre de l'intelligence, le développement sans entrave du sentiment moral et religieux, et la recherche des moyens de pourvoir largement aux besoins matériels. Le seul sentiment égare, s'il n'est éclairé par la raison, et les facultés intellectuelles perdent leur énergie, si elles ne sont dirigées que par des instincts grossiers. Mais aussi l'esprit même le mieux disposé s'affaiblit, et les passions les plus généreuses se taisent, quand le corps a à peine le nécessaire, que ses besoins matériels enfin ne peuvent être qu'incomplètement satisfaits. Eh bien! c'est surtout à l'agriculture qu'il faut demander de pourvoir à ces impérieux besoins dont on vient de voir toute l'importance. Elle a donc droit en première ligne à la sollicitude des états et des philanthropes. Il suit de là que c'est un *devoir* pour chaque citoyen de s'occuper des intérêts agricoles de sa localité, dans la mesure, bien entendu, que lui permet sa position, ou selon les connaissances qu'il possède; et que pour chaque gouvernement c'est une *nécessité* de venir en aide à ces intérêts.

Des associations d'efforts et de lumières peuvent seules hâter les progrès des sciences et des arts. C'est sur elles seules également qu'il faut compter pour améliorer l'agriculture qu'on doit considérer comme science et comme art. Il est évident que la terre peut doubler ses produits, on l'a souvent démontré ; il ne faut que *vouloir* pour *pouvoir* obtenir une aussi généreuse exubérance. Tout le monde est d'accord sur cette vérité théorique. Cependant on rencontre mille difficultés quand on prend la voie qui conduit à sa conversion en vérité pratique, difficultés principalement suscitées et entretenues par des préjugés ou des craintes chimériques, par de mauvais calculs et surtout par l'empire de l'usage. Ce sont d'abord ces difficultés qu'avant tout les associations agricoles ont pour objet de détruire.

La tâche est grande, pénible, mais la fin vers laquelle elle tend est si belle, si utile, que l'esprit de ces associations, loin de s'en effrayer, se retrempe plus fort, plus ardent, à la vue des obstacles qu'il rencontre. En effet nos institutions formées pour seconder les progrès de l'agriculture, ne reculent devant aucun des travaux qu'elles se sont imposés. On voit même celles qui manquent des conditions propres à assurer le succès, chercher sans relâche à accomplir leur œuvre.

Aujourd'hui on commence à mieux sentir quels services peuvent rendre les institutions de ce genre, et comment il faut les organiser. L'administration et les particuliers s'appliquent à les régulariser, à leur imprimer d'importantes modifications qui les rendent complètement aptes à remplir leur mission. Je reproduirai à cet égard une partie d'un article que j'ai inséré dans les Annales du Comice agricole de Toul, où j'ai examiné cette question ; ce sera une introduction naturelle au mémoire que je publie.

Sous la Restauration, la plupart des Sociétés d'agriculture ne rencontrèrent aucune difficulté sérieuse à vaincre, même quand siégeant dans des petites villes, elles ne pouvaient, ce qui se conçoit, être composées que d'un nombre de membres résidents fort limité, et qu'elles ne se trouvaient dotées que de peu de fonds. Rencontrant, dans certaines contrées, l'art presque abandonné, et plus ou moins ignoré dans d'autres, ces sociétés n'eurent principalement qu'à remettre en vigueur des principes malheureusement oubliés, et qu'à engager les cultivateurs à rentrer dans la bonne voie. Pour parvenir à cette fin, elles puisèrent leurs moyens d'action, moins dans les propres travaux de leurs membres, que dans ceux de quelques agronomes distingués de l'époque, et dans des écrits venus de l'étranger où l'agriculture était traitée d'une manière plus avancée que chez nous. Par là, en propageant avec persévérance des connaissances importantes, elles se livrèrent réellement ainsi à une sorte *d'enseignement agricole élémentaire*, et avec un succès incontestable. Une *mission* dans laquelle elles devaient montrer à *appliquer les principes de l'art alors connu*, leur était dévolue. Elle fut accomplie par ces sociétés en son entier, à l'applaudissement général, et au grand avantage de la France.

Vint un autre temps, celui dont l'ère date de la révolution de Juillet : avec lui apparurent d'autres besoins. Les Sociétés d'agriculture continuèrent à fonctionner, mais, on le comprend, il leur fallut marcher avec ce temps caractérisé par l'essor de la liberté, et satisfaire à ces autres besoins suscités surtout par une longue paix. La population était accrue ; de nouvelles industries se développaient. On avait utilisé tous les travaux des agronomes, appliqué toutes les connaissances publiées. Les livres se taisaient sur les moyens de pourvoir à des nécessités ignorées jusqu'alors : les hommes dévoués à la science agricole ne les avaient pas prévues. Une tâche grande et difficile venait échoir aux Sociétés d'agriculture, à peu près seules en état de s'occuper fructueusement de faire des recherches, d'aller à la découverte et d'étendre ainsi les limites de l'art. Ce ne fut qu'un petit nombre d'entre elles, on le présume bien, qui purent parvenir à se distinguer dans cette œuvre, et qui restèrent florissantes. Elles eurent à remplir une mission plus large que ne l'était la première, *mission* qui consista à faire des *études scientifiques pour agrandir et perfectionner l'art* dont elles n'avaient, jusqu'à cette époque, que montré à appliquer les principes en quelque sorte traditionnels. Elles s'étaient facilement proportionnées autrefois à l'état de décadence des connaissances en agriculture; elles durent s'élever, de ce moment et progressivement, à toute la hauteur où ces connaissances sont enfin arrivées, ce qui offrait bien des difficultés. Les ressources qu'il leur fallut déployer, les efforts qu'elles firent dans ce but, furent des plus remarquables. Elles donnèrent ainsi à la nouvelle génération un *enseignement agricole supérieur*, comme elles en avaient présenté auparavant un, sous la forme élémentaire, à la génération dont nous voyons tous les jours disparaître les membres.

Les Sociétés d'agriculture restées ainsi prospères et au niveau des besoins actuels, furent uniquement celles qui résidaient dans les grands centres de population, surtout aux chefs-lieux des départements. Là, on le conçoit, se rencontrent toutes les conditions convenables de réussite pour des associations constituées sur de larges bases et qui réclament un personnel nombreux. Dans ces centres seulement, on peut réunir facilement beaucoup d'hommes capables de discuter de grands intérêts. Tous ou presque tous, domiciliés dans la même ville, viennent régulièrement aux séances et y prennent une part active. La plupart d'entre eux, occupant un rang ou des places qui ont nécessité des études scientifiques de différents genres, sont ainsi instruits dans les connaissances accessoires à l'agriculture, et sans le secours desquelles elle ne peut avancer. Ils trouvent, en outre, sur les lieux, pour être secondés dans leurs travaux, des amateurs qui cultivent ces connaissances, ou des professeurs qui les enseignent. La physique, la mécanique, la chimie, la botanique, la zoologie, la minéralogie, la géologie, sciences importantes aux progrès agronomiques, les cabinets, les laboratoires, les collections qui sont l'ame de ces sciences, toutes ces ressources sont à la disposition des Sociétés d'agriculture établies dans les villes populeuses. Quant à celles de ces sociétés qui siégeaient dans les petites villes, privées de la plupart des conditions que je viens de retracer, on conçoit qu'elles n'ont pu se soutenir.

Cet état de choses a amené la création d'un nouveau genre d'association constituée de manière à convenir aux localités peu étendues, et établie en rapport direct avec les besoins les plus pressants de la culture, le degré d'instruction et l'intelligence des habitants de la campagne. On voit que je parle des *Comices Agricoles*. Cette institution a été généralement bien accueillie, et, dès son début, elle a fonctionné avec succès.

Aussi les Sociétés d'arrondissement, en bien des endroits, ont bientôt été remplacées comme d'elles-même par des Comices : le seul bon sens de leurs membres les a amenées à opérer cette transformation. De tous côtés, en outre, celles qui subsistent encore, à moins qu'elles n'aient une grande ville pour point de réunion, tendent de jour en jour à se réduire à la proportion de ces Comices : elles en prennent les formes du moins, tout en conservant un titre qui franchement n'est plus le leur. Ainsi, comme eux, elles bornent à peu près leurs travaux à des achats de chevaux, de taureaux, etc. , pour relever les races abâtardies ; elles distribuent des semences, et font des concours de charrues et de bestiaux..... Mais par un amour-propre mal entendu, elles reculent devant l'évidence. Elles n'osent avouer un fait de la réalité duquel elles sont cependant intimement persuadées. Impuissantes à exécuter des investigations multipliées, des épreuves suivies, de vastes expériences, même à vérifier sur une certaine échelle les découvertes du jour, pour s'assurer si elles peuvent être utilisées sur le sol de leur circonscription, et à imprimer par là à leurs travaux un caractère qui inspire toute confiance au public, elles ne vont pas au-delà des limites que se tracent les Comices. Elles languissent, sous les autres rapports, dans une médiocrité incurable. Aussi n'est-il pas rare de voir de ces sociétés infimes, faire grand bruit de procédés appréciés depuis long-temps, d'inventions reproduites du dernier siècle, qu'elles signalent comme des nouveautés. Ces mots sont sévères sans doute, mais malheureusement d'une vérité incontestable.

On va dire : qu'entend-on donc par ces *Comices agricoles* dont vous vantez tant l'institution, et dont les journaux de toutes les nuances parlent unanimement avec éloges ? Nous allons avec empressement en faire connaitre les attributions, les moyens et le but, et prouver que ces éloges sont loin d'être exagérés.

On appelle de ce nom des *associations purement philantropiques* qui s'occupent sans relâche à *propager dans les campagnes les résultats avantageux nouvellement obtenus en agriculture.* Pour atteindre ce but elles combattent incessamment et à la fois, dans ces campagnes, l'aveugle routine et l'engouement irréfléchi, deux fléaux également destructeurs de tout bien. Le meilleur moyen qu'elles employent consiste à y attaquer, par des preuves palpables, et les répugnances mal entendues qui en repoussent les progrès, et les préjugés sans fondements qui y sont enracinés au profit des anciens usages. Elles intéressent l'amour-propre à leurs succès, en distribuant des prix et des mentions honorables.......

Les Comices instruits, principalement par leurs relations avec les Sociétés d'agriculture, que des méthodes proposées sont éminemment supérieures à celles qui ont cours, que telles ou telles plantes peuvent être cultivées avec plus d'avantage, et fournissent un produit plus abondant que telles ou telles autres plantes que nous possédons, enfin que des faits neufs de pratique sont bons et facilement applicables, préférables surtout aux procédés ou aux résultats connus, ces Comices, disons-nous, s'efforcent de naturaliser ces méthodes, excitent à adopter la culture de ces plantes, et font valoir l'importance de ces faits. Nous rangerons dans leurs attributions, les modifications reconnues utiles à opérer dans des outils aratoires, les nouveaux instruments de la culture à introduire, les changements favorables à apporter dans les époques des semailles ou dans certaines récoltes, l'adoption d'une meilleure race de bétail qu'il faut faciliter, l'extension d'une culture, ou un ordre moins vicieux d'assolement, etc.

Dans leurs réunions, les Comices écoutent la lecture des observations ou des rapports de leurs membres, ils tiennent des conférences théoriques instructives, ou ouvrent des discussions sur la pratique de l'agriculture locale, conférences et discussions qu'ils dirigent particulièrement sur les parties qui nécessitent une amélioration prochaine. Chaque membre trouve là des sujets de méditations pour lui ; en outre il y puise matière à d'utiles conversations qu'il ouvrira avec des habitants de la campagne, tous très curieux de disserter sur les intérêts agricoles, quoique très attachés à leurs usages, à leurs idées. Une ou plusieurs des réunions de l'année sont consacrées à des concours sur les instruments de la culture, sur l'art de travailler la terre, sur les assolements, sur la construction des écuries, sur le plus grand développement donné à telle ou telle récolte, sur les bestiaux, sur les engrais, les semis, les reboisements, plantations, irrigations, desséchements de marais, même sur la moralité des ouvriers ruraux et des domestiques des fermes. Ces concours ont les proportions et les attraits des fêtes champêtres. Rien n'est négligé pour leur donner un appareil digne des honneurs qu'on doit y rendre aux favoris de Cérès. C'est sous des tentes de verdure et de fleurs, et au son d'une musique pastorale, que se distribuent avec solennité les récompenses et les prix mérités. On y couronne la vertu aussi bien que l'industrie. De telles fêtes sont des époques mémorables pour les spectateurs comme pour les lauréats ; elles deviennent une source de joies pures, d'émotions délicieuses pour tous.

Il ne peut que résulter en outre d'immenses avantages moraux et intellectuels, du contact assez prolongé et fort multiplié qui a lieu alors entre les membres des associations agricoles et les cultivateurs. Pendant que des charrues, variées de formes et de mécanismes, luttent pour remporter une palme, des explications lumineuses sont données par la commission qui dirige le concours, sur l'art de labourer. Elles sont écoutées avec intérêt et profit, par un auditoire d'autant plus attentif que le fait vient à l'aide de la parole, que l'expérience confirme la leçon. On passe à l'examen de chevaux qui vont disputer entre eux à qui l'emportera, non comme à l'hyppodrome par la rapidité de la course, non comme aux promenades des grandes villes par l'élégance des formes et la souplesse des mouvements, mais par les qualités propres aux honorables travaux des champs. C'est la force, la vigueur, une dure constitution qui, ici, font obtenir la victoire. Des hommes compétents sont là pour désigner l'animal qui réunit toutes les conditions nécessaires à ce genre de triomphe. C'est à haute voix, et en en motivant longuement les raisons, que le jugement est prononcé. Ces paroles instructives, toutes de pratique, sont recueillies par mille cultivateurs qui sauront les méditer et en utiliser les bons enseignements. Il en est ainsi de chacun des sujets mis au concours. Des discours sont prononcés par des notabilités et écoutés avec d'autant plus de plaisir et d'intérêt qu'ils roulent sur l'agriculture, sur la vie des champs, sur le bien-être de l'habitant du village, et que le cultivateur y voit un témoignage de sympathie vivement sentie pour lui, pour sa position, pour sa famille et pour son industrie.......

Mais ce n'est point encore assez pour remplir tous les devoirs que s'imposent les Comices. Afin d'achever leur œuvre, ces associations font des essais en petit répétés sous les yeux des cultivateurs, d'après les recherches en grand qui ont réussi aux sociétés d'agriculture, et cela pour démontrer expérimentalement l'excellence des nouvelles méthodes ou l'utilité des instruments nouvellement préconisés, ou pour prouver évidemment l'avantage de quelque culture accueillie avec défiance. Elles introduisent aussi dans le pays de bons étalons pour croiser les espèces qui y existent depuis les temps primitifs et qui ont dégénéré. Ce n'est pas là leurs moindres services. Les moutons, porcs, taureaux, ânes, volailles même, aussi bien que les chevaux, ont besoin de temps en temps d'être relevés par le mélange d'un sang plus vigoureux, provenant de mâles de belles proportions, et qui, pour satisfaire aux conditions d'un croisement fructueux, doivent être amenés de quelques contrées plus ou moins lointaines.

Les Comices ont soin d'exciter les instituteurs des communes rurales à mettre entre les mains des enfants déjà en état d'apprendre les éléments de leur profession, des manuels d'agriculture composés exprès pour eux, et où l'art est décrit de manière à le rendre accessible à leur âge. En outre, ils s'efforcent de donner encore de bons avis, des instructions agricoles et des documents sur les conditions météorologiques ou territoriales qui peuvent être utiles à l'agriculteur fait, au cultivateur consommé, en un mot au propriétaire qui fait valoir son bien lui-même. C'est par la voie de la presse qu'ils y pourvoient. Leurs humbles publications, leurs *Annales*, n'ont pas d'autres prétentions. Elles ne doivent guères franchir les limites d'un arrondissement. Aussi n'accueillent-elles que ce qui peut venir en aide à son avenir agricole.

Les devoirs que s'imposent les Comices sont donc nombreux et d'un ordre élevé. L'œuvre qu'ils ont à édifier est grande et noble. Elle est digne d'être secondée par tous les citoyens au cœur généreux et qui sont animés d'un vrai patriotisme. Les Comices ont en effet à s'occuper, on vient de le voir, des intérêts d'un art et de ceux d'une population pour lesquels on ne montrera jamais assez d'estime. Les services que rendent cet art et les hommes qui le pratiquent sont inappréciables. La tranquillité politique et le développement matériel des états, ont toujours été attachés aux progrès de l'agriculture et aux égards qu'on a eus pour la profession du cultivateur. Si, depuis cent cinquante ans, la population de la France a doublé, si nous jouissons d'un degré de civilisation aussi avancé, et si le bien-être a pénétré partout au sein de toutes les classes, c'est certainement à l'amélioration de la condition de l'homme des champs et aux soins donnés à l'agriculture, que nous le devons en première ligne.

Les Comices procèdent à leur œuvre de bienfaisance en dehors de toute opinion et de tout intérêt personnels. Un seul sentiment meut les membres de ces associations : c'est uniquement celui du bien public, sans arrière-pensée aucune. Elles l'opèrent en suivant les voies les plus simples. Aussi, si les sociétés d'agriculture ont rang parmi les corps savants, les Comices sont-ils loin d'avoir cette prétention. Bien des personnes, par conséquent, refusent, bien mal-à-propos, de s'y faire agréger, parce qu'elles ont la modestie de se croire incapables d'y figurer honorablement. Quelle erreur est la leur ! On voit, d'après ce que nous avons exposé, que, pour s'y rendre utile, il n'est certes pas besoin d'être agronome, ou même agriculteur, et encore moins botaniste. Les membres des Comices sont indistinctement des hommes du barreau et du commerce, des magistrats et des ministres du culte, des pharmaciens, médecins, vétérinaires, notaires, rentiers, vignerons, etc., aussi bien que des personnes versées dans l'agronomie ou livrées à la culture, ou des amateurs de botanique. Ce serait donc un grand tort de croire et de propager cette fausse opinion qu'il est nécessaire, au point de vue où les Comices envisagent l'agriculture, et pour l'aide qu'ils veulent lui apporter, que leurs membres soient initiés aux théories élevées de

la science et à la pratique de l'art. Il suffit à toute personne qui veut bien réfléchir, de saisir dans la communication des résultats dus aux Sociétés d'agriculture, quels
sont ceux que les Comices ont à encourager, pour qu'elle
acquierre ainsi toutes les connaissances utiles à l'association.

Ce n'est pas la première fois que de telles paroles sont
prononcées, qu'un semblable appel a été fait à la raison du
public éclairé ; aussi le sens de ces paroles et l'importance de cet appel ont été compris partout, et les Comices ont fini par trouver assistance et bon accueil chez
tous les peuples civilisés. Nous n'avançons pas là une
utopie. Nous ne disons rien qui n'ait acquis l'autorité du
temps et par conséquent de l'expérience. Il n'existait en
France, pour ne citer que notre pays, que dix ou douze
Comices sous la Restauration. Depuis ils ont produit de
si bons fruits qu'ils se sont prodigieusement multipliés.
En 1843 leur nombre s'élevait à 664. Aujourd'hui il
doit approcher de 1000, s'il ne dépasse ce chiffre. Leur
institution, pour les avantages qu'en retire l'humanité,
peut être comparée à celle des caisses d'épargne, des
salles d'asile, des crèches, et à tous les établissements
modernes analogues dont le but est l'instruction et la mo-
ralisation, sous quelque forme qu'elles soient données.

L'arrondissement de Toul a fondé aussi un Comice.
Cette association m'a accordé l'honneur d'en faire partie.
Elle a manifesté le désir que je lui adressasse un rapport
sur la nature du sol du pays, et sur l'état de sa culture.
Ce rapport a été inséré dans ses Annales, d'où je l'extrais.
Puisse-t-il, malgré son imperfection, avoir rempli les
vues de l'association. Cette imperfection est concevable
dans un travail en grande partie sans précédent.

ESQUISSE

D'UNE

TOPOGRAPHIE

ET D'UNE

STATISTIQUE

AGRICOLES

DE L'ARRONDISSEMENT DE TOUL.

MÉMOIRE

lu au Comice de cet arrondissement en décembre 1847,

PAR LE Dr P.-S. DENIS, MÉDECIN A TOUL.

Je me suis livré, depuis un grand nombre d'années, à des recherches sur plusieurs parties de l'histoire naturelle des arrondissements de Toul, de Commercy et de Bar-le-Duc, occupant tous une même région géographique. Je les ai explorés dans un but purement médical, et uniquement pour me rendre plus accessible l'étude des épidémies dont le service m'était confié dans le sud de la Meuse. Cette investigation m'a été facile. Obligé par profession à de fréquents déplacements, j'ai pu ainsi visiter bien des fois les trois arrondissements contigus, et, alors, à l'aide de mes excursions réitérées, formuler, aussi approximativement qu'il est possible de le faire, les conditions d'insalubrité que je désirais connaître. Mais pour aller à la découverte de toutes les causes générales des maladies qui tiennent aux localités, outre le sol, l'air, les eaux, la température, les habitudes professionnelles, etc., il m'a fallu examiner attentivement encore l'état et les progrès de l'agriculture, le genre, la qualité et la quantité de ses produits, si intimement liés les uns et les autres au bien-être ou au malaise des populations, et qui sont par là une des principales sources de leur vigueur ou de leur faiblesse, conséquemment de leur résistance ou de leur aptitude à être impressionnées par les influences épidémiques.

C'est des matériaux puisés de cette manière, et à ce point de vue très peu agricole cependant, que j'ai tiré le mémoire que je présente au Comice. J'en ai retranché, bien entendu, ce qui est étranger à l'œuvre de l'association, et, en les revoyant, j'y ai ajouté les documents nécessaires à la destination nouvelle que je leur donne. En outre je les ai uniquement employés à l'examen de toutes les questions qui se rattachent spécialement à notre agriculture.

Il n'existe point de topographie et de statistique agricoles de nos contrées, ouvrage qui serait néanmoins éminemment utile, en le bornant juste aux limites de l'arrondissement. Je n'ai pas la prétention d'en remplir la lacune. Mais, comme je suis intimement persuadé qu'il est important de populariser toutes les connaissances essentielles au plus grand nombre, et que celles qui sont relatives à l'agriculture appartiennent des premières à cette catégorie, j'ai simplement tâché de tracer une esquisse qui, en attendant, tiendra lieu d'un travail complet que sans doute nous réserve l'avenir. En même temps j'ai eu en vue de contribuer à la composition du programme que le Comice doit établir pour la direction de ses travaux.

En effet il est impossible qu'un Comice accomplisse bien sa mission, si, dès son installation, il n'arrête pas un programme raisonné de tous les sujets de son attribution. La première tâche qu'il ait à s'imposer doit donc être, conséquemment, de mesurer le développement qu'ont atteint l'art et l'industrie agricoles dans sa circonscription, de découvrir les causes qui peuvent s'y opposer au progrès, et d'aviser, au moins d'une manière générale, aux moyens propres à le favoriser s'il tend à se produire, ou à le faire naître s'il est retenu par de trop fortes entraves. Pour arriver à de tels résultats, il importe, comme préliminaires de ses travaux, que ce Comice détermine exactement la valeur actuelle des cantons dont il veut améliorer l'agriculture, valeur considérée, cela s'entend, sous les rapports tant de la nature et de la fertilité du sol, que du genre, de la qualité et de la quantité de ses produits. La situation agricole dessinée ainsi, il faut qu'il parte de là pour faire ressortir rigoureusement les nécessités de l'art et les besoins de l'industrie qui y est attachée. Ce n'est qu'en signalant de cette manière le bilan réel de la terre, de son activité végétative, des sortes de plantes qu'elle fournit, de leur rendement, qu'on me passe cette expression, du nombre, des espèces et de la bonté des bestiaux qu'elle nourrit, cela soit relativement à la profession et aux intérêts du cultivateur, soit relativement à la consommation du pays et à sa richesse commerciale, qu'un Comice peut parvenir à connaître dans leur entier les devoirs qui lui sont imposés par la nature de son institution, et qu'il peut apprendre à donner à ses efforts bienfaisants une sûre et fructueuse direction.

En traçant cette esquisse, j'ai été dans l'obligation, pour la faire, de demander des faits nouveaux à des études sérieuses et d'un ordre élevé, faits qui paraîtront assez difficiles à saisir au premier abord. Je crois devoir le dire d'avance. Ils rebuteront peut-être quelques lecteurs ; mais bien mal à propos , car je me suis attaché à n'en choisir que les plus utiles à mon sujet , et à les exposer de façon à être compris de tout le monde. Dans ce but, j'ai eu soin de les dégager de l'étrangeté et de la sécheresse inhérentes à leur origine. En même temps il m'a fallu recourir à des données que certains lecteurs aussi regarderont comme bien abstraites , quoique elles soient des plus naturelles. Je les ai débarrassées, du reste également, de tous détails arides et quelquefois obscurs, pour n'en déduire que des conséquences nettes et frappantes.

Plusieurs personnes pensent cependant que pour rendre mon Mémoire plus intelligible, et en même temps plus intéressant , je n'aurais pas dû y insérer des faits et des données de ce genre , parce que, prétendent-elles , ils ne deviendront jamais familiers aux agriculteurs, alors qu'ils ne seront d'aucun avantage. Selon ces personnes il fallait, en décrivant le sol par exemple , ne pas m'écarter des notions empyriques qui ont cours de temps immémorial et que chacun possède. A leur avis, je devais dire simplement : *que la couche arable repose tantôt sur le tuf, tantôt sur la roche ;…. que la terre qui la constitue n'est souvent qu'un chalain, qui la rend maigre; tandis qu'ailleurs elle est forte, grasse, et par là froide, etc.* Mais aujourd'hui sérieusement peut-on se contenter d'une pareille nomenclature , et s'arrêter à des renseignements si nuls ? à notre époque ne doit-on pas exprimer autrement la disposition et la nature du sol cultivé, pour satisfaire non-seulement l'agronome qui veut être informé complètement des choses, mais aussi l'agriculteur digne de ce nom qui n'a besoin cependant que de ce qu'elles ont d'immédiatement applicable ? Insister sur de prétendues preuves du contraire de ce que j'avance, ce serait calomnier le bon sens et l'intelligence des notabilités de nos campagnes qui, maintenant, ont reçu assez d'instruction pour lire avec fruit les ouvrages populaires sur l'agriculture, où l'on admet les acquisitions récentes des sciences accessoires à cet art.

La connaissance complète des terrains est des plus utiles à posséder à fond, et l'on ne peut la puiser qu'à l'aide de ces acquisitions. Qui nierait la haute importance d'une telle connaissance ? N'est-il pas prouvé que c'est uniquement la différence de la constitution du sol qui établit la différence si tranchée des cultures et des produits qu'on remarque dans divers lieux placés sous le même climat, et que c'est la seule appréciation de cette constitution qui permet d'expliquer pourquoi on ne peut cultiver, ni de la même manière ni les mêmes végétaux, dans les Vosges, dans la Champagne, dans le Toulois...., enfin que, sans en tenir compte, on ne saurait pas quelles modifications les cultures réclament dans ces provinces, et quelles sont les espèces de plantes qui leur conviennent ? Gardons-nous donc bien de répudier le secours des acquisitions récentes des sciences accessoires à l'agriculture, et hâtons-nous au contraire de les répandre, en les mettant à la portée de tous.

Mais ce n'est pas seulement à l'occasion de l'étude du sol que j'ai cru devoir innover.

Les rapports obligés qu'ont continuellement l'homme, les animaux et les plantes, avec ce sol, sous le point de vue agricole, demandent eux-mêmes d'être étudiés et exposés autrement qu'on n'est dans l'habitude de le faire chez nous, pour amener à des déductions utiles. Les idées qu'on y a adoptées sur ce sujet, sont trop arriérées pour que je m'y sois borné. Depuis quelques années de grandes découvertes les ont changées. J'ai dû en faire profit.

Puis l'opinion publique, de notre pays du moins, base l'évaluation des produits et des besoins de l'agriculture d'une manière évidemment erronée. On en tire ainsi des conclusions contraires à la vérité. On déprécie ou on exagère par là notre valeur agricole. Je ne pouvais pas ainsi suivre cette évaluation sans la contrôler avec soin en recourant à des chiffres, à des calculs.....

Il y avait donc nécessité pour moi, tout en voulant prendre une voie sûre vers l'utilité, de rechercher de nouveaux faits et d'accueillir des données nouvelles également, qui pussent me mener à réformer les renseignements fautifs ou incomplets sur lesquels on a établi des systèmes nuisibles, même des croyances ridicules. Je devais en conséquence leur substituer des principes tirés des lois de la nature, féconds en applications avantageuses, et pouvant se prêter un secours mutuel. Je me suis appuyé, je dois le dire aussi, pour agir dans ce sens, de l'autorité d'hommes des plus compétents qui ont constaté l'excellence de ces principes et leur importance pratique. Aussi je les regarde comme suffisamment entourés de garanties, pour leur faire accorder une foi entière.

Ce préambule m'a paru de rigueur pour justifier le fond, la forme, l'origine et le but de cette esquisse. Il me permettra d'entrer plus facilement en matière, et de ne pas couper forcément mon sujet, par de nombreuses réflexions que je viens de résumer toutes ici.

Iʳ PARTIE.

—

TOPOGRAPHIE.

—

Le centre de l'arrondissement de Toul, placé à peu près au point occupé par cette ville, est situé à 54° 9ᵐ de latitude et à 3° 95ᵐ de longitude orientale de Paris; son élévation se trouve à 204 mètres au-dessus du niveau de la mer. L'étendue de cet arrondissement est de 70 kilom. du Sud au Nord, et de 22 de l'Est à l'Ouest, mesures prises dans les plus grandes longueur et largeur. Il présente ainsi une surface étroite et alongée de 112, 913 hectares, dont le pourtour, des plus irréguliers, touche aux arrondissements de Metz, de Commercy, de Neufchâteau et de Nancy, pour ainsi dire par ses quatre points cardinaux. On n'y voit point de montagnes, à proprement parler; aussi les vallées y sont-elles peu profondes, mais souvent assez vastes. Ce sont des coteaux nombreux qu'on y rencontre, la plupart terminés par des sommets élargis en plateaux. Rarement isolés complètement, ils sont réunis en groupes où l'on observe çà et là des gorges et des cols, groupes tous séparés par des plaines quelquefois très grandes, quelquefois fort restreintes. On distingue deux principaux de ces groupes disposés en chaînes étendues irrégulièrement du sud au nord, et un peu de l'est à l'ouest. L'une des chaînes très prononcée par son escarpement, parcourt la contrée des Côtes. L'autre moins prééminente, en apparence du moins, existe le long de la contrée de la Haye et de son prolongement méridional : leurs coteaux n'atteignent pas une grande hauteur au-dessus du fond des vallées ou des plaines placées à leur pied. Les plus élevés ont de 200 à 250 mètres ainsi considérés. Ils présentent d'ordinaire une pente douce principalement vers l'ouest ou le sud-ouest, et une pente abrupte en regard, le plus communément de l'est ou du nord-est.

Le territoire ainsi conformé, offre une inclinaison générale du sud-est vers le nord-ouest. Aussi une descente réelle, quoique en apparence insensible, est-elle manifeste en partant du premier point pour se diriger vers le dernier. Cet état de choses dépend du voisinage des montagnes vosgiennes ; notre sol continue le penchant de leur pied.

§ I. — *Examen des eaux, de l'atmosphère et du climat; leur influence sur le sol et sur ses produits.*

—

Il résulte de l'inclinaison du sol que le territoire de l'arrondissement de Toul est parcouru par des cours d'eau assez rapides, allant à peu près tous en définitive vers le nord, pour se rendre dans la Moselle. Aussi fait-il, en presque totalité, partie du bassin de cette rivière qui commence dans le département des Vosges et se prolonge dans celui de la Moselle. Cependant plusieurs des gorges de nos coteaux de l'ouest versent leurs eaux dans un bassin voisin. On remarque principalement la gorge de Vannes, dont le ruisseau partant de Barisey-au-Plain, après y avoir reçu divers affluents des environs, se rend à la Meuse par Gibaumeix. Autrefois du reste les deux bassins se confondaient en un seul, sur un point de leur bord commun. Un cours d'eau venait bien, comme le fait

aujourd'hui la Moselle , par le défilé dans le voisinage
duquel on a construit depuis Sexey-aux-Forges ; mais
sous la côte Saint-Michel, qui de nos jours domine Toul,
il s'en détachait un bras pour se diriger vers le Val-de-
l'Ane, près du finage actuel de Foug ; de là il se portait
sur le sol qui appartient maintenant à Pagney, afin d'y
déboucher dans la Meuse, et se porter avec elle le long de
la vallée où l'on a bâti Commercy, Saint-Mihiel, Verdun...
C'est un fait dont j'ai démontré la réalité il y a longtemps (1). Depuis les temps les plus reculés, cependant, la
Moselle en quittant le lieu occupé aujourd'hui par Toul ,
sort de l'arrondissement uniquement par l'issue placée
sous Liverdun. Pendant son trajet elle reçoit les nombreux ruisseaux qui serpentent dans le pays. Ceux-ci y
sourdent des pentes de la plupart des coteaux. Ils s'é-
chappent parfois de la terre avec une telle abondance qu'ils
peuvent mettre immédiatement des moulins en mouvement. Aussi à l'exception des sommets et de plusieurs des
plateaux de coteaux , le sol de l'arrondissement est-il bien
arrosé.

Presque toutes nos eaux contiennent des matières étrangères en dissolution, mais qui ne sont nullement nuisibles à leurs qualités. On y remarque des traces sensibles
de *chlorures de potassium et de sodium* (cette dernière
substance est le sel de nos cuisines); puis des traces
aussi de *sulfate de chaux* (plâtre). Elles offrent quelquefois des indices *d'azotate d'ammoniaque* et de *matières
organiques*. On y signale aussi d'ordinaire la présence
de la *silice* et de la *magnésie*. C'est le *carbonate de chaux*
(calcaire ou craie) qui y domine sur tous les autres
principes. Il s'y trouve dissous à la faveur d'un peu *d'a-*

<hr>

(1) *Congrès scientifique de France. Session tenue à Metz en 1857.
Compte rendu, page 86.*

cide carbonique libre. On peut en outre en dégager de *l'air atmosphérique* (1). Le séjour sur le fond des ruisseaux modifie nécessairement cette composition. Les eaux des environs de Nancy et de Commercy, comme d'ailleurs celles de tous les terrains analogues aux notres, ne diffèrent guères des eaux des contrées diverses du Toulois.

Non-seulement le département des Vosges agit sur l'inclinaison générale de notre sol par la disposition du sien, comme nous l'avons vu, et conséquemment sur la direction de nos cours d'eau, mais encore il modifie la température de notre atmosphère, son humidité et les vents qui l'agitent, par ses montagnes, ses nombreuses forêts, ses eaux abondantes et ses neiges. C'est surtout au printemps et en automne que nous en ressentons les effets. L'été en éprouve moins d'inconvénients; cependant si nous l'avons d'ordinaire peu prolongé c'est peut-être par cette cause. Comme partout en France, la Méditerranée et l'Océan influencent également notre atmosphère. Ils nous procurent des pluies qu'amènent les vents de l'ouest et du sud-ouest, qui sont les plus fréquents, mais qui communément sont assez doux, en raison des contrées tempérées qu'ils traversent. Par une raison contraire, les vents du nord, nord-est et nord-ouest, sont froids et souvent secs. L'est apporte du beau temps. Le sud ne souffle guères que dans les temps orageux. On conçoit, d'après cela, que notre ciel reste le plus souvent brumeux, nuageux, agité, et que le calme y soit rarement prolongé. Aussi l'air qu'on respire chez nous, quoique sain, est fort humide une grande partie de l'année.

Le poids de l'atmosphère qui nous environne équivaut, terme moyen, à une colonne de mercure de $0^m 736$. Le

(1) C'est en suivant les procédés analytiques de M. Braconnot, qu'on obtient ces résultats. (*Mémoires de la Soc. roy. des Sc. de Nancy*: 1841.)

medium de sa température peut être fixé à $+ 8.°8$ (cent.). C'est en juillet que nous avons les jours les plus chauds, et en décembre et janvier que les froids les plus prononcés nous viennent ; mais les uns et les autres sont rarement très intenses. Généralement notre température a de la disposition à changer brusquement. On pense avec juste raison qu'autrefois, avant les déboisements et les desséchements des marais, au moyen desquels on a donné à la culture le sol qu'elle occupe, nos étés étaient plus chauds et nos hivers moins froids, les sources plus abondantes, les pluies avec orages moins communes ; ainsi, que depuis cette époque reculée, notre état météréologique s'est modifié.

Il résulte de l'ensemble de ces documents, que le climat de notre arrondissement ne convient pas aux plantes délicates qui craignent les changements subits de température et se plaisent dans un air sec, ni à celles qui exigent une chaleur élevée continue ou qui redoutent la gelée ; mais qu'il est très favorable aux céréales, aux plantes fourragères, et aux autres réco'tes alimentaires de plusieurs ordres, à l'usage de l'homme et des animaux. Son influence, sans être nuisible à la vigne, s'oppose souvent à sa maturité parfaite. Comme beaucoup des phénomènes atmosphériques qu'il est important de prévoir, quand on se livre à la culture, sont particuliers à l'arrondissement, et qu'ils se manifestent par des signes avant-coureurs propres pour ainsi dire à chaque localité, il est essentiel qu'on s'initie de bonne heure à la connaissance de ces signes pour savoir diriger un train avec fruit, gouverner la vigne convenablement, ou récolter les fourrages, les céréales et le raisin, en temps propice.

§ II. — *Description des pierres et des terres qui se trouvent dans le sol; leur composition.*

—

Le sol de notre territoire configuré comme nous l'avons représenté, sillonné par d'abondants cours d'eau ; et sous le ciel que nous venons de décrire, est formé de pierres et de terres diverses qu'il importe beaucoup de connaître, car de leur nature et de leur arrangement résulte une influence remarquable sur la végétation.

Les *pierres* qu'on rencontre le plus communément dans l'arrondissement, deviennent friables et fournissent de la chaux en les cuisant. D'autres moins répandues mises au feu, n'en donnent point, mais durcissent au contraire et diminuent de volume. Les premières sont *calcaires* et les dernières *argileuses*. Un assez grand nombre de ces pierres formées en partie ou en tout de la substance des cailloux, restent réfractaires au plus grand feu, n'y donnent point de chaux, et conservent leur volume. Elles sont appelées *siliceuses* ou *sableuses*. Plus ou moins de fer à l'état de rouille, s'y rencontre quelquefois ; on les dit alors *ferrugineuses*. C'est la prédominance de l'un de ces composants qui en établit les *espèces* dont les principales sont au nombre de *sept*. Pour leurs *variétés*, elles tiennent surtout à des accidents de forme, de couleur, de volume etc.

1re Espèce. *Calcaire commun* (Pierre à chaux grasse ; Roche blanche ; Roche tendre ; Chalin ; Tuf). Ce calcaire constitue la plus ordinaire de nos pierres. Sa pâte est rarement pure, c'est-à-dire exempte de mélange avec la substance des autres espèces, ce qui en modifie plus ou moins les caractères, et en établit des variétés. Il est blanc ou légèrement jaunâtre dans la majorité des cas, quelquefois roux, rarement bleu ou noirâtre. Il bouillonne au contact des acides, du fort vinaigre par exemple. On le trouve en grandes masses, en moëllons, en plaques, en fragments, en rognons. On le nomme *calcaire compacte*, si son grain est serré, sa pâte unie, non poreuse; *calcaire spathique*, s'il résulte de l'agglomération d'une foule de lamelles et de grains anguleux ; *calcaire oolitique*, quand il est formé de petites parties arrondies ressemblant à des œufs de poissons, agglutinées entre elles par plus ou moins de calcaire compacte; *calcaire à polypiers* ou *corallien*, si l'on y distingue des débris du genre corail ; *calcaire coquillier*, lorsqu'on y voit des coquilles pétrifiées empâtées dans sa substance. Tous ces calcaires peuvent exister soit à l'état *fragmentaire* soit à l'état *dalloïde*, ou être *blancs*, *tendres*, *durs*, etc.

2ᵉ Espèce. *Argile endurcie* (Pierre morte ; Tuf terreux). C'est une glaise dont les parties ont entre elles assez de cohérence, pour ne pas se déliter dans l'eau. Elle est peu dure, sa couleur est grise, jaune-brune, roussâtre, bleuâtre. Exposée longtemps à l'air, l'humidité et surtout la gelée la réduisent en terre. Elle ne fait point effervescence avec les acides. On la trouve rarement pure, ou exempte de calcaire et de sable.

3ᵉ Espèce. *Calcaire marneux* (Tuf; Roche tendre ; Pierre à chaux maigre, ou à chaux hydraulique). Ce calcaire est plus répandu que la pierre précédente, mais moins que celui de la première espèce. Il peut être gris, jaune, roux, bleu, presque noir. Sa cassure, son grain et son poids, sont ceux du calcaire commun compacte, dont il imite souvent du reste les apparences et offre les variétés. Comme lui il fait effervescence avec les acides, mais avec moins de force. Il résulte de l'union de ce même calcaire avec plus ou moins d'argile endurcie.

4° Espèce. *Calcaire siliceux* (Roche dure ; quelquefois Pierre à ciment). C'est le calcaire commun ou le marneux plus ou moins pénétré de la substance des cailloux, sable ou silice. On le rencontre aussi souvent que l'espèce précédente. Il a plus de consistance, et il résiste mieux aux intempéries.

5° Espèce. *Grès* (Pierre à sable). Il est très rare et il ressemble à la substance de la meule des couteliers. Sa pâte est due à l'aggrégation, avec plus ou moins de cohérence, de particules de sable toujours très-fin. Il s'offre d'ordinaire sous forme de petites plaques plus ou moins feuilletées. S'il est très chargé de calcaire, on le nomme *calcaire grésiforme* ou *gréseux.*

6° Espèce. *Calcaire ferrugineux* (Pierre rouge ou rousse). Calcaire commun ou marneux ou siliceux, pénétré de beaucoup de fer à l'état de rouille, ou de grains ferrugineux sous forme d'oolites. Il est peu répandu.

7° Espèce. *Cailloux* (Galets). Pierres roulantes, siliceuses, faisant feu sous le briquet, placées à la surface du sol et plus ou moins enfouies dans le sable. Elles proviennent de fragments de roches vosgiennes amenés par des cours d'eau.

Passons maintenant à l'examen de nos terres. Si l'on compare la masse qui s'en trouve dans l'arrondissement avec la quantité des pierres qu'il recèle, on arrive à admettre qu'il y a à peu près égalité entre elles. La composition des unes et des autres est aussi sensiblement la même. La consistance semble établir leur seule différence. On peut donc dire que nos pierres ne sont que nos terres fortement agglutinées, et réciproquement que ces dernières ne sont elles-mêmes que les premières émiettées. Cependant c'est le calcaire qui prédomine dans les pierres, tandis que dans les terres c'est l'argile. Nous distinguons *six espèces* principales de terres dans notre pays.

1ʳᵉ Espèce. *Calcaire pulvérulent* (Terre blanche ; terre calcaire ; terre maigre ; terre de chalain ; terre légère, chaude, mauvaise...). Cette substance, comme son nom l'indique, n'est que du calcaire en poudre. Elle est plus ou moins blanche, grise ou jaunâtre. On la rencontre rarement pure, elle contient d'ordinaire un peu d'argile et de sable. Outre celle qui a été formée en même temps que le sous-sol, et qui est assez abondante, il en existe aussi qui a été produite fortuitement par l'action lente du temps sur les pierres calcaires, et qu'on trouve très répandue. Il s'en fait ainsi tous les jours dans les contrées où le calcaire commun domine. La terre de cette nature, qu'importe son origine, fait une vive effervescence avec les acides à froid comme à chaud, et s'y dissout presque complètement.

2ᵉ Espèce. *Gravier* (Sable ou grève calcaire ; Grouine ; Terre graveleuse). Il résulte d'une réduction accidentelle en petits fragments, de pierres calcaires qui se trouvent sous forme de roche et en place dans le voisinage. On le voit amassé surtout au flanc et au bas de certaines collines recouvertes de ces roches, et dans les terrains dont le fond est très pierreux.

3ᵉ Espèce. *Marne* (Terre franche ; Aubin ; Terre de première qualité). C'est un mélange d'argile, de calcaire et de sable, en diverses proportions. On la nomme *marne calcaire*, si le calcaire y domine ; *marne argileuse*, si au contraire elle contient beaucoup d'argile : enfin c'est de la *marne sableuse*, quand on y trouve une grande quantité de sable. Toutes ces variétés, en raison de leur calcaire, font effervescence avec les acides, mais ne s'y dissolvent pas en entier à froid, et à chaud elles laissent même toujours un résidu. Elles hapent à la langue et absorbent l'eau plus ou moins facilement, s'y délitent ou font pâte avec elle. On les trouve en masses consistantes, mais aisément pulvérisables. A l'air elles tombent peu à peu en miettes. Il y en a de blanches, mais rarement; souvent de grises, de jaunes, de bleues. Elles se rencontrent très abondamment dans plusieurs cantons de l'arrondissement.

4ᵉ Espèce. *Argile* (Glaise; Terre glaise, grasse ou à potier, et à foulon; Terre forte, froide....). L'argile est une substance qui se prend en pâte avec l'eau de manière à pouvoir être pétrie avec facilité et se mouler sous toutes les formes. Cette pâte est très liante et très fine. Mise au feu, elle s'y dessèche et s'y durcit considérablement. L'argile ne fait point effervescence avec les acides, et, cette circonstance exceptée, elle offre les apparences et beaucoup des caractères des marnes. On la trouve abondamment dans les cantons terreux de l'arrondissement, mais presque toujours en couches minces et entre des marnes ou des sables. On la nomme *argile sableuse* quand elle est naturellement mélangée avec du sable, ce qui est fréquent. On la dit *marneuse* lorsqu'elle renferme quelque peu de calcaire.

5ᵉ Espèce. *Calcaire pulvérulent, marne, argile* ou *sable ferrugineux* (Terre rouge). Aucune terre ne consiste chez nous en rouille de fer pure. Toujours cette rouille est unie à des marnes, à des argiles, à des sables, ou bien à des calcaires pulvérulents. Alors on a de *l'argile ferrugineuse*, de la *marne ferrugineuse*, etc. Ces substances sont plus ou moins colorées en rouge, en roux, ou en jaune foncé. Quand leur grain est fin, on les connaît sous le nom *d'ocre*, ou *d'argile ocreuse*, *de marne ocreuse*, etc.

6ᵉ Espèce. *Sable* (Gravier , grève ou sable caillouteux ; Terre aride ; Terre sablonneuse ou sableuse.) Il consiste en une terre fine, qui ne fait point pâte avec l'eau , mais en est traversée avec rapidité, même s'il est mélangé d'un peu d'argile ou de terre calcaire. Il est rude au toucher, raye le verre , craque sous la dent , ne durcit point au feu, n'y donne pas de chaux , n'est point attaquée par les acides. Vu de près, ses particules paraissent angulaires et translucides. Il en existe deux variétés. Le sable de l'une d'elles git jusque dans les plus grandes profondeurs du sol, en lits minces séparés par des argiles ou des marnes. L'autre ne se rencontre que dans les alluvions de la Moselle ou des cours d'eau qui l'ont précédée. La première variété est fort répandue , mais associée à la surface de nos terres cultivées, avec des argiles et des calcaires. Pour la seconde elle n'occupe que le voisinage de la Moselle , souvent cependant à de fortes distances , et même jusque sur les hauteurs. Celle-ci se distingue toujours par la présence dans sa masse, de cailloux plus ou moins volumineux.

Les pierres n'appartiennent pas toujours à une seule espèce dans un même ban , dans un même bloc , quelquefois dans un même fragment. Une espèce peut y passer à l'autre , et on y en distingue souvent jusqu'à trois à la simple vue. Pour les terres, on les rencontre dans bien des cas mêlées entre elles , mais les espèces qui entrent dans le mélange se distinguent moins bien à la vue. C'est principalement à la surface du sol que ce mélange s'opère , par les mouvements de terrain naturels ou artificiels qui se font sans cesse. Aussi nous avons des terres *argilo-calcaires , marno-sableuses* et *graveleuses , argilosableuses* et *ferrugineuses,* etc.

L'analyse des pierres et des terres dont je viens d'expo-

ser sommairement le tableau et de donner une courte
description, m'a paru depuis longtemps devoir être faite
sous bien des rapports et surtout sous celui de l'agriculture. Il faudrait, dans le même intérêt, y procéder en
tous pays. Je sais cependant qu'un agronome distingué
a écrit ironiquement que le creuset est pour le cultivateur un instrument dont il a su apprécier depuis longtemps la valeur. Mais cette condamnation ne m'empêche
pas de persister dans mon sentiment. Il en est de l'opinion de notre agronome, comme du dire de quelques
personnes fort respectables néanmoins, qui se soucient
peu des règles grammaticales parce qu'elles ne sont pas
nécessaires pour parler de manière à se faire comprendre.
Une telle opinion est insoutenable. La connaissance de
la composition des terres, jointe à celle que l'on a acquise
des principes inorganiques des végétaux, pour ne citer
qu'un exemple de l'utilité de l'analyse en agriculture,
ont seules pu éclairer, dans ces derniers temps, la théorie
et la pratique des assolements et des rotations, ainsi que
celles des amendements et des engrais. Mais que nos ana-
lyses n'effraient pas. Je n'ai recherché par elles qu'à trouver la nature des composants de nos terres et pierres,
et seulement leur quantité d'une manière approximative.
Ce ne sont donc que des résultats généraux sans chiffres
que je vais rapporter.

L'argile des terres, l'argile endurcie des pierres, et
celle qui est contenue dans les marnes et les calcaires
marneux, offrent la même composition. Elles sont en
grande partie formées par de la *terre des cailloux*, unie
à une autre *terre* qui est la base de *l'alun*, et que pour
cela on appelle *alumine* comme celle des cailloux se
nomme *acide silicique* ou *silice*, du mot silex (pierre
à fusil) appliqué à une substance qui en est en entier

composée. De cet acide silicique ou silice s'y trouve uni encore avec de la *chaux*. Du même acide aussi y est également combiné avec des *alcalis*, ou matières actives de la lessive des cendres, à de la *potasse* principalement et à de la *soude* même, quoique en petite quantité. Il résulte de là trois *silicates* ou *sels terreux* et *alcalins*, mêlés ou confondus en un, et qui constituent ces argiles (1).

D'autres sels existent encore dans la masse de nos argiles, mais en très faible proportion. Ainsi on y découvre du *phosphate de chaux* (terre des os) en traces sensibles, même du *phosphate de magnésie*, cependant de celui-ci des indices seulement : des quantités plus ou moins grandes de *carbonate de chaux* (calcaire, craie) se démontrent aisément dans les argiles calcaires, dans les marnes, les calcaires marneux, mêmes les calcaires siliceux. D'ordinaire de la *silice* libre en forme de sable, fait aussi partie de ces argiles calcarifères. On y a rencontré du *sulfure de fer*, et assez souvent du *sulfate de chaux* (plâtre). De la rouille de fer, ou ce métal à *l'état d'oxide* et de *carbonate*, les accompagne presque toujours. On y a signalé des indices d'une substance *bitumineuse*. L'examen des eaux des sources qui, en filtrant dans nos terres, y ont dissout du *chlorure de sodium* (sel de cuisine) et du *chlorure de potassium*, annonce qu'elles doivent aussi recéler ces mêmes sels.

Le calcaire commun et la terre calcaire sont eux-mêmes des *sels terreux*, mais d'une autre nature que ceux de l'argile. Ils se trouvent constitués simplement par l'union de la *chaux* avec *l'acide carbonique*, vapeur très répandue dans l'air, semblable à celle que donne le charbon

____

(1) On s'est assuré de la présence des alcalis, en traitant les substances argileuses par le carbonate barytique, à feu rouge, etc.

qui brûle, d'où lui est venu son nom. Ils ne sont ainsi que du *carbonate de chaux* (ou de la craie plus ou moins dure et d'un grain particulier).

Presque toujours les calcaires de nos carrières, et notre terre calcaire, contiennent une certaine quantité d'argile et de sable, quoiqu'ils n'y soient sensibles qu'à l'analyse. Ils en renferment beaucoup, quand ils passent au calcaire marneux, ou au calcaire siliceux. En outre on trouve dans ces diverses pierres et terres, en apparence uniquement calcaires, mais en proportions des plus minimes, le *phosphate de chaux. L'oxide* et le *carbonate de fer* s'y remarquent souvent.

Nos terres et nos pierres les moins pénétrées d'argile, et qu'on croirait exemptes de ses éléments, en renferment donc toujours un peu, et par conséquent offrent ses *sels terreux et alcalins.* Il n'y a de différence, sous le rapport des mêmes sels, entre les terres et pierres calcaires, et les terres et pierres argileuses, que dans la quantité notable qu'en recèlent celles-ci, et dans la minime proportion souvent même difficilement démonstrable qu'on peut signaler par l'analyse de celles-là. Telle est en résumé la composition des matériaux de nos terrains.

Le sable en couche et celui d'alluvion sont tout-à-fait siliceux, ou à base de *silice,* laquelle les constitue presqu'en entier, ainsi que nos cailloux.

C'est la rouille, ou *l'oxide et carbonate de fer,* qui colore les marnes, argiles et calcaires ferrugineux.

Quelquefois on rencontre isolément du *sulfate de chaux* (plâtre) en cristaux, rarement du *sulfate de strontiane et de baryte.* Ils sont sans importance au point de vue de notre sujet.

§ III. — *Disposition des pierres et des terres dans le sol; structure de ce sol; phases de sa formation; révolutions qui l'ont modifié.*

—

Les terres et les pierres composées comme nous venons de le voir, ne sont pas répandues çà et là au hazard. Au contraire, la nature les a placées suivant un ordre particulier. A la partie superficielle du globe, elles offrent un arrangement tout autre qu'à sa partie souterraine : ce qui établit deux genres de sol. Le premier constitue le *sol* meuble, remanié, qu'on appelle *arable;* pour le second, il est le *sous-sol*, le *sol naturel* ou *non arable*, du moins s'il ne subit pas d'abord un travail particulier. Le sol arable semblerait devoir nous occuper seul ; mais il est essentiellement formé par une modification du sous-sol du lieu-même ou du voisinage, et la seule présence de ce sous-sol l'influence encore sensiblement. Il est donc nécessaire d'examiner ce dernier à fond, uniquement pour connaître le premier.

Le sous-sol résulte, dans l'arrondissement de Toul, de l'ensemble d'un nombre incalculable de couches pierreuses et terreuses, formées par les pierres et les terres dont j'ai décrit les espèces et indiqué la composition. Ces couches se recouvrent toutes les unes par les autres. Les pierres sont disposées en bans séparés par des lits de terres. Ainsi, par exemple, à un lit de marnes peut succéder un rang de calcaires communs, puis des argiles, ensuite des sables, des marnes encore et des argiles, enfin des calcaires siliceux, ou marneux, recouverts de calcaires oolitiques...... Les terres sont placées en couches serrées, plus ou moins humides. Elles ne se mettent en pâte ou en poussière, qu'après avoir été enlevées du sol. De leur côté, les pierres comprises au milieu de ces couches, sont alignées plus ou moins horizontalement, isolées les unes des autres ou contiguës, grossièrement cubiques ou en plaques, en rognons, et formant des assises superposées avec ou sans terres intercalées. Elles représentent souvent des massifs très-volumineux, simplement çà et là fissurés.

Pour arriver à se graver dans la mémoire, d'une manière durable, la constitution du sous-sol de notre arrondissement, il faut remonter à la cause de la structure qu'on y remarque, assister pour ainsi dire à sa formation, aux phases de son établissement, et aux révolutions qui en ont plus ou moins troublé la régularité. Aujourd'hui cette partie de l'histoire naturelle de nos localités, ne doit rester ignorée de personne dans le pays, surtout d'hommes dont la profession est de cultiver la terre, d'y puiser leurs moyens d'existence et ceux de leurs concitoyens. En la rapportant ici avec concision ce ne sera donc pas insérer un hors-d'œuvre. Par là on parviendra à garder pour toujours le souvenir de la configuration et de la constitution de nos terrains, qui seules peuvent nous apprendre à déterminer aisément quelles sont la disposition et la nature du sol arable, connaissances qu'on n'acquerra pas sans admirer la grandeur des phénomènes qui ont eu lieu pendant que les faits immenses auxquels elles sont dues s'accomplissaient, et que la main du Créateur se plaisait à pétrir la boue d'où nous sortons, boue qui, en définitive, est cependant notre unique nourrice, toute dédaignée qu'elle est, car tout sort de sa substance et tout y rentre, tout naît d'elle et vit de sa générosité.

Longtemps on n'a pas su comprendre comment le sol de notre arrondissement, non plus que celui des régions

qui l'avoisinent, avait été formé. On remarquait bien
qu'il renfermait dans son sein des débris d'animaux marins, que ses couches reposaient les unes sur les autres,
non comme des livres empilés, mais comme les tuiles
d'un toit, et qu'à l'exception du genre de débris qui sur
les bords d'une rivière, au lieu d'être marins, proviennent d'animaux d'eau douce, ces couches ressemblaient
à celles des alluvions modernes, à celles par exemple
qu'on voit sur les rives de la Moselle. Là, en effet, il y
a une succession de gros cailloux, de sables fins, de petits cailloux, d'argile sableuse, de cailloux encore, de
gravier calcaire, de terre végétale.... Dans la substance
de ces couches, on trouve des coquilles de rivière, du
bois qui a cru sur leurs bords, des ossements de quadrupèdes et d'oiseaux qui vivent dans les environs. Ces
observations étaient faites non-seulement dans nos contrées, mais encore sur des points très éloignés de nous.
On n'en tirait aucune induction. On finit cependant par
en conclure, ce qui était bien naturel, et par une analogie
plausible, que nos terrains, comme tous ceux qui renferment dans leur sein des coquilles marines, des impressions de plantes du littoral de grands bassins également
marins, enfin, des ossements d'animaux ayant vécu
dans l'eau salée, avaient été déposés autrefois par la
mer, comme nos alluvions le sont journellement par les
rivières. On arriva, en outre, à s'apercevoir que, comme
dans bien d'autres endroits que les nôtres, les couches
du sol de l'arrondissement visibles toutes par un bord,
ce qu'on appelle leur affleurement, c'est-à-dire leur point
à nu à la surface de ce sol, s'enfonçaient toutes les unes
placées sous les autres, de l'est vers l'ouest ou du nord-
est vers le sud-ouest, en s'inclinant alors très sensiblement, pour former un angle aigu avec l'horizon. Réunis-

sant ces données aux données semblables obtenues ailleurs, on fut convaincu que nos couches superposées avaient sous terre une étendue prodigieuse, et qu'elles allaient même reparaître quelquefois à cent ou deux cents lieues plus loin, en remontant par conséquent jusqu'au niveau d'un autre sol très distant. Conséquemment il fut démontré qu'elles résultaient de dépôts accumulés les uns sur les autres dans un bassin marin immensément large, légèrement concave, dépôts allant tous successivement des plus profonds aux plus superficiels, en diminuant de diamètre. C'est entre ces couches, apprit-on plus tard, que s'infiltrent les eaux pluviales et courantes, et que peuvent s'établir les rivières souterraines dont le liquide obéissant aux lois du syphon, jaillit quand la sonde vient à l'atteindre. En effet le produit du puits de Grenelle, à Paris, par exemple, n'a pas d'autre origine. Creusé plus profondément qu'il ne l'est, il eut peut-être même donné des eaux sorties des intervalles de nos couches, et pouvant venir ainsi en partie de notre arrondissement.

En remontant par la pensée dans la série des âges qui ont précédé les temps historiques, on arrive à une époque où le *granit* des Vosges formait le sol toulois. La mer le recouvrit ensuite de ses premiers sédiments parmi lesquels nous distinguerons les *grès* qui y dominent (1). Après, elle y abandonna des *calcaires coquilliers* (2); puis des marnes salées de *diverses nuances* (3). Ce n'est qu'à la suite de ces dépôts, qu'elle laissa s'amasser à son fond les sédiments particuliers qui composent notre sol actuel. En même temps elle se retirait peu à peu de

(1) Terrain de transition, etc., puis Grès rouge, Grès vosgien, Grès bigarré.
(2) Muschelkalk.
(3) Marnes irisées ou keuper.

l'est vers l'ouest, et quittait nos contrées naguères inondées, devenues continent pour toujours.

En forant à Toul un puits d'une grande profondeur, on ramenerait dans les rues de cette ville, des débris de tous ces anciens sols qui sont ensevelis sous elle, mais dont les bords seuls restent encore visibles, cependant bien au loin. Ainsi pour les terrains granitiques, c'est dans les Vosges centrales qu'on les retrouve ; quant à ceux où domine le grès on en voit saillir les couches contre les granits vosgiens ; c'est aux environs de Lunéville qu'on remarque les bords des couches du calcaire coquillier ; et pour les marnes salées on les voit à Dieuze et autres lieux voisins. Enfin, près de Nancy, commencent à apparaître les couches qui constituent notre sol actuel.

Pendant que la mer s'étendait pour la dernière fois librement sur le territoire de l'arrondissement, qu'elle y incrustait dans la pierre et y enfouissait dans les argiles et les marnes, comme témoins de son passage et de ses opérations, des coquilles, des fragments de bois, des ossements, pendant ce temps, dis-je, de petits animaux ramifiaient ou superposaient dans son fond des coraux et des madrépores, dont l'accumulation formait des masses immenses bâties ainsi par eux. Pour me servir d'une comparaison qui explique le développement de ces masses, je dirai que ces animaux travaillaient à les construire avec de la terre calcaire, comme les abeilles au moyen de la cire composent leurs rayons, à l'exception que celles-ci quittent à volonté leurs ruches, tandis que nos animaux marins n'abandonnaient pas leur ouvrage et restaient comme identifiés avec lui. Ils élevaient ainsi sur le sol toulois, encore submergé, des récifs et même des îles, comme ils en établissent encore aujourd'hui, par des procédés identiques, dans les eaux de l'Océan. Des bans de sables oolitiques arrivaient jusqu'au littoral, souvent jusqu'à la surface du liquide. Des vallées sous-marines séparaient ces dépôts divers, comme on le voit de nos jours également dans nos mers. Des dunes battues par les flots, garnissaient quelques rivages, des fleuves ouvraient leur embouchure au milieu de ceux-ci........

Après le retrait des eaux, une végétation active s'établit sur le nouveau sol, des animaux des terres voisines vinrent l'habiter. Alors la température de l'atmosphère était beaucoup plus élévée qu'elle ne l'est aujourd'hui, plus peut-être que maintenant sous la ligne équinoxiale. Aussi les êtres organisés appartenaient-ils, pour la plupart du moins, à des genres et même à des espèces qui ne peuvent vivre que sous un climat brûlant. Des éléphants s'abritaient à cette époque dans notre pays sous des palmiers, comme on le voit de notre temps dans les Indes Orientales.

Si, depuis, aucune révolution ne fut survenue au sein de la terre et à sa surface, le même sol existerait dans toute sa forme avec la même chaleur torride de l'air. Il serait encore couvert de plantes intertropicales et parcouru d'hôtes si étrangers au territoire de nos jours. Mais l'écorce du globe n'était pas alors protégée par une forte épaisseur, comme elle l'est maintenant, contre les efforts des minéraux fondus, rouges de feu, bouillonnants, que contenait et que contient encore le centre du globe. Il en est résulté que les tremblements de terre occasionés par l'agitation de ces foyers souterrains en ébullition, ont fini çà et là par entr'ouvrir le sol, par y produire des fentes, même des fissures profondes, par lesquelles sont sorties des montagnes; ou bien la violence intérieure s'est bornée à soulever les couches de ce sol sur beaucoup de points, à en changer le niveau et à le crevasser en même temps. Alors d'autres montagnes apparurent.

Pendant que ces phénomènes s'accomplissaient, on conçoit qu'une température élevée coïncidant avec ces éjections et ces soulèvements, rendaient les orages fréquents, les pluies abondantes, torrentielles, les déplacements d'eau faciles à s'opérer brusquement des bassins marins ou d'eau douce sur tous les continents. Il s'établit ainsi une succession de cataclysmes et, par suite, de cours d'eau plus ou moins grands, plus ou moins chauds, qui partant principalement des pentes des premières montagnes apparues, vinrent inonder le sol par de vrais déluges, l'attaquèrent de toutes parts, renversèrent les anciennes dunes, les îles, les bancs de sable, le creusèrent là où ses matériaux étaient le plus mous ou le plus fracturés, et y firent des vallées par érosion en s'insinuant surtout dans les fentes qu'occasionèrent les soulèvements. Ce qui résista alors à l'action des eaux a constitué des montagnes d'une troisième espèce, nos coteaux ou collines, ces inégalités si fréquentes chez nous. Des pierres quelquefois très volumineuses, des cailloux, des sables, des terres ont été entraînés au loin, et sont venus recouvrir nos contrées ainsi ravagées, d'une couche plus ou moins épaisse. Alors se formèrent, pour citer des exemples, la profonde gorge voisine de Toul où coule la Moselle, la plaine de la Voëvre, la vaste vallée qui la prolonge au sud. Alors, à mesure que ces fonds se creusèrent, les points qui résistaient apparurent en coteaux : de là l'origine de notre côte Saint-Michel et de toute la chaîne de collines à laquelle elle appartient ; de là encore les coteaux à sommets élargis de la Haye et de son prolongement méridional.....

On comprend que par l'effet de ces révolutions, les

bords primitifs des couches constituantes de notre sol,
aient été détruits plus ou moins irrégulièrement dans les
points de leur affleurement. Aussi ces bords ne se mon-
trent-ils plus maintenant avec leur disposition naturelle.
Ils sont déchiquetés, rongés. Ils suivent nécessairement
les pentes abruptes et les pentes douces de nos collines; ils s'insinuent dans leurs gorges. Souvent enfin
les couches sont coupées entre des coteaux par une vallée, et elles présentent des lambeaux isolés sur un ou
plusieurs de ces coteaux.

La terre se refroidit enfin au point où elle se trouve de
notre temps; ses révolutions cessèrent; les cours d'eau
réduits à leur proportion actuelle, devinrent nos rivières,
nos ruisseaux. Avec un climat tempéré le sol de l'arrondissement se peupla de nouveaux genres et de nouvelles
espèces de plantes et d'animaux en harmonie avec ce
climat; en même temps beaucoup d'êtres organisés dont
l'existence était incompatible avec le nouvel ordre de choses, périrent ou s'éloignèrent. C'est à cette époque qu'on
peut rapporter l'apparition de l'homme sur terre : il est
probable que ce ne fut que longtemps après qu'il vint
habiter nos contrées jusque là couvertes de forêts, qu'il
les défricha, et qu'il finit par en cultiver le sol.

Ce sol fut dès lors, comme le reste du globe, à l'abri
de cataclysmes aussi terribles, les forces de la nature
ayant pris un équilibre suffisant pour en anéantir les causes. Cependant il est certain, et en cela les traditions
historiques de tous les peuples s'accordent avec nos livres
sacrés, qu'un dernier et immense déluge ajouta encore
aux dévastations des cataclysmes précédents.

Il faut remarquer que quand la mer laissait les couches pierreuses et terreuses qui, depuis, ont formé le
territoire de notre arrondissement, elle n'opérait pas

successivement et dans des temps réguliers, des dépôts d'une égale abondance et composés avec mesure, tantôt d'argiles ou de marnes, tantôt de calcaires ou de sables..... Il est résulté et des temps d'arrêt pendant lesquels aucun sédiment ne se précipitait, et, au coutraire, des époques sans fixité où ce sédiment abondait, même où il ne se formait qu'en faible proportion, soit une absence de calcaires, de marnes ou de sables, soit une prédominance des uns ou des autres. Cet état s'est par conséquent réparti sur tous les pays recouverts de la même mer. On conçoit ce qui s'en est suivi. Les dépôts achevés ont laissé un sol d'une composition d'apparence hétérogène, différent sur plusieurs points de la largeur de ce sol, mais d'une composition à peu près identique sur sa longueur, et offrant alors dans sa disposition générale une physionomie caractéristique distinctive. L'ensemble de toutes les couches qui le constitue a reçu le nom de *terrain oolitique*, à cause de la présence en prodigieuse quantité du calcaire à oolite, dans un grand nombre d'entre elles, ou de *terrain jurassique*, parce que le Jura les offre dans les proportions les plus développées. On les a classées en *six formations*, et celles-ci en plusieurs *groupes* ou *divisions*. L'ordre des dépôts qui ont basé notre sol s'étant établi en partant des couches nécessairement mises en place les premières, c'est donc en commençant par celles-ci qu'il faut en énumérer les formations.

Ainsi dans l'arrondissement de Toul, qui ne comprend que le tiers de la largeur du terrain jurassique ou oolitique dans son sol, les premières couches affleurent à l'est de cet arrondissement, et elles sont ensuite successivement recouvertes par celles qui ont été déposées depuis, jusqu'aux dernières qu'on trouve à l'ouest du même arrondissement. Nous avons d'abord la partie supérieure de la première formation qui occupe seulement quelques points de l'est ; la seconde, la troisième et la partie inférieure de la quatrième viennent après, l'une après l'autre, chacune étendue sensiblement du nord au midi ou du nord-ouest au sud-est. La partie supérieure de la quatrième, la cinquième et la sixième n'existent que dans la Meuse, arrondissements de Commercy et de Bar (1).

§ IV. — *Circonscriptions géographiques naturelles figurées par l'étendue des formations, d'où résultent autant de contrées agricoles dans l'arrondissement ; description du sol de ces contrées, degré de sa fertilité, sa culture, genre et qualité de ses produits.*

Les formations du terrain oolitique, que nous venons d'énumérer, sont tellement tranchées chez nous, elles offrent entre elles tant de différences et dans la conformation du sol et dans le genre de ses parties constituantes, que le pays se trouve par là partagé en autant de territoires distincts, sous le rapport de la végétation, comme sous celui de la structure, ce qui permet de fractionner l'arrondissement en *quatre contrées agricoles* particulières qui sont : 1° La contrée de l'Est et du Sud de l'arrondissement : elle comprend un lambeau de la première formation. 2° La contrée de la Haye avec son prolongement méridional : celle-ci existe sur toute la deuxième. 3° La contrée de la Voëvre avec son prolongement méridional

(1) Ces six formations sont le *lias*, la *grande oolite*, l'*oxford-clay*, le *coral-rag*, le *kimmeridge-clay* et le *portland stone*. Je conserve une collection de nombreux échantillons des roches de toutes ces formations, ainsi que de leurs fossiles. Messieurs les membres du Comice pourront y voir les pierres et les terres dont les couches composent notre sol.

également, qui a pour sol la troisième. 4° Enfin la contrée des Côtes constituée par une portion de la quatrième.

Comme c'est la nature et l'arrangement particuliers des matériaux du sol, du sous-sol bien entendu, qui établissent pour ces contrées leur valeur agricole spéciale, il s'en suit qu'il importe, afin d'en déduire aisément la composition de la couche arable sur leurs différents points, d'examiner, mais succinctement, comment les terres et les pierres de telles ou telles espèces, sont disposées sous cette dernière couche, groupes par groupes. Ce sera terminer par là convenablement la topographie agricole de notre pays. En même temps je ferai ressortir l'influence qu'ont sur les végétaux que nous cultivons, la constitution du terrain et ses modifications.

1° *Contrée de l'Est et du Sud de l'arrondissement de Toul* (1). Nous la nommons ainsi parce qu'elle est située à la lisière orientale de notre arrondissement, où elle se montre du nord au sud de cette division départementale. Son sous-sol est essentiellement argilo-sablo-marneux. Il est peu étendu chez nous ; sa presque totalité se trouve dans l'arrondissement de Nancy. En général il occupe plutôt des plaines et des vallées, ou le flanc et le pied de côtes qui elles, au moins à leur sommet, appartiennent d'ordinaire aux couches du sol de la contrée que nous décrirons après celle-ci. Les pierres y sont peu communes, ce sont des calcaires argileux et siliceux, des argiles endurcies, des calcaires marneux et sableux, d'un grain fin sans oolites, mais souvent renfermant beaucoup de coquilles. Leur nuance la plus ordinaire est la bleue, la grise, la noirâtre, quelquefois la gris-roussâtre. Les terres plus abondantes que les pierres, ont la même

(1) *Première formation ; marnes liasiques, ou lias.*

nuance. Elles sont surtout marneuses, mais tantôt plus calcaires tantôt plus argileuses, et pénétrées de sable.

Les couches les plus inférieures que l'on découvre dans l'arrondissement, sont une succession de marnes très puissantes, séparées par des strates de calcaires quelquefois assez ferrugineux. Au-dessus existent d'autres marnes semblables cachant des calcaires qui peuvent être assez développés, et qui sont lardés de coquilles alongées. Diverses marnes plus ou moins feuilletées recouvrent ces marnes amorphes. Viennent alors d'autres calcaires encore, en bancs ou en rognons isolés, enveloppés d'argiles et de marnes sableuses, roussâtres, grises ou bleues. Les calcaires, eux-mêmes marno-sableux, ont la même couleur (1). Enfin on remarque au-dessus, des grès tendres, des sables, quelques roches marneuses et des argiles ferrugineuses (2). Ces grès recouvrent des masses arrondies, creuses ou remplies de quelques cristaux, masses singulières enfouies dans les marnes.

La contrée de l'Est et du Sud, bornée d'un côté par l'arrondissement de Nancy, occupe de l'autre plusieurs points du nôtre, séparés par des parties de la contrée de la Haye et de son prolongement méridional. Ces parties de la Haye s'étendent entre les points qu'occupe la contrée du Sud, de manière à la diviser en six *fractions* isolées les unes des autres. On trouve la première fraction sur le bas et le penchant des côtes de Vandelainville, Bayonville et Arnaville ; la deuxième, à Vilcey-sur-Trey ; la troisième, dans les fonds et sur les pentes des côtes de Griscourt, Villers-en-Haye et Gézoncourt ; la quatrième à l'est de Liverdun, près de Frouard et Pompey ; la cinquième à Sexey-aux-Forges, Bainville, Maizières et

(1) *Lias supérieur.*
(2) *Grès superliasique et marly-sandstone.*

Germiny ; la sixième enfin dans une grande étendue du sud de l'arrondissement, qui comprend la totalité ou une partie des finages de Crépey, Selaincourt, Dolcourt, Saulxerotte, Favières, Gélaucourt, Battigny, Vandcléville, Fécocourt, Tramont-Lassus, Grimonviller, Courcelles, Aboncourt, Beuvezin et Pulney. On peut évaluer la surface qu'occupe l'ensemble des fractions ainsi circonscrites, à près de 11,000 hectares.

Leur sous-sol, composé comme nous l'avons vu, peut être quelquefois peu perméable et ainsi froid dans quelques fonds. Mais la couche arable y étant formée par l'ameublissement des marnes, des argiles, des sables de ce sol, par la disgrégation de ses calcaires marno-sableux et de ses argiles endurcies, est en général épaisse, et argilo-marno-sableuse d'une excellente qualité. Aussi cette terre n'a pas besoin d'être amendée, ses parties se trouvant en proportion convenable sous le rapport agricole, et, par la même raison, elle exige moins d'engrais que n'en demandent la plupart des meilleures terres du reste de l'arrondissement.

Une constitution semblable dans la couche arable, implique nécessairement une forte action sur les végétaux qu'on lui confie. C'est en effet ce qu'on remarque. Les cultures les plus variées y réussissent bien. Aussi il en est peu qui ne soient productives. Les plaines, les vallées, surtout convenablement pourvues de ruisseaux, se couvrent annuellement de céréales, plantes fourragères naturelles et artificielles, plantes textiles, oléagineuses et légumineuses, toutes vigoureuses et abondantes. Parmi les céréales c'est le blé et l'avoine qui dominent. Leurs grains sont volumineux, pesants, nombreux, bien nourris par conséquent, qualité qui les fait rechercher pour semences à l'égal de ceux de la Seille.

Cependant ceci n'est point général.pour toute la contrée.

Le jardinage est également d'un rapport avantageux dans les diverses fractions de cette contrée. Les hauteurs, beaucoup de pentes, même des fonds, sont bien boisés et supportent de belles forêts. Des vignes prospèrent sur les versants et surtout sur l'abrupte des collines à l'aspect principalement de l'est et du midi. La truffe se trouve en quelques endroits, principalement aux environs de Favières où elle a une qualité remarquable pour notre climat. Sa recherche est assez lucrative pour ouvrir un petit commerce qui fait vivre quelques familles. Cette plante singulière se rencontre en partie sur les confins de la contrée de l'Est et du Sud, et en partie dans la contrée suivante.

2° *Contrée de la Haye et son prolongement méridional* (1). La Haye, contrée entièrement pierreuse et propre aux broussailles, comme le dit son nom, occupe en grande partie les cantons de Thiaucourt, de Domèvre et de Toul-nord ; le reste se trouve placé entre ce dernier canton et ceux de Toul-sud et de Nancy. Mais le sol qui la caractérise se prolonge dans l'est du canton de Toul-sud, et il descend à travers tout le canton de Colombey du nord au midi. Cette contrée avec son prolongement méridional, comprend sur une superficie d'à peu près 52,000 hectares, une succession d'assises souvent puissantes de pierres blanches, grisâtres, jaunâtres, dans lesquelles on a ouvert de nombreuses carrières de taille, de moëllons et de blocailles. Des couches marneuses, argileuses, sableuses, rarement d'une certaine épaisseur, séparent ces assises ; elles sont plus apparentes, plus rapprochées les unes des autres, et elles séparent des bancs de pierres moins épais dans le voisinage des diverses fractions de la

(1) *Deuxième formation ; grande oolite.*

contrée de l'Est et du Sud, ainsi que dans le voisinage de la contrée de la Voëvre et de son prolongement, bancs qui sont eux-mêmes assez marneux et siliceux, tandis que dans le milieu de la série des couches, les calcaires sont presque purs.

Si l'on examine le sous-sol de la Haye et de son prolongement, en allant de l'est vers l'ouest, on rencontre d'abord des argiles jaunes, roussâtres, des calcaires de mêmes nuances, du fer oolitique qui aux environs de Sexey-aux-Forges est assez abondant pour être exploité. Il s'y trouve aussi des couches sableuses (1). Puis viennent les assises inférieures des calcaires, assises très développées où ils sont compactes les uns, très oolitiques les autres ; presque tous présentent des coraux empâtés dans leur substance (2). Un banc marno-argileux pétri d'oolites désagrégées les recouvre (3). Apparaissent alors les assises moyennes du massif calcaire. Les pierres y sont presque constamment oolitiques et d'une assez grande dureté. A peine des couches marneuses marquent-elles la séparation de leurs strates d'ordinaire assez puissants (4). Arrivent ensuite des marnes, des calcaires roussâtres compactes, quelquefois oolitiques, souvent difformes, siliceux, argileux (5), et après une alternance plus ou moins répétée de ces terres et de ces pierres, on trouve un banc calcaire à petits grains oolitiques blancs ou grisâtres, qui termine la série (6).

La limite *est* de la contrée dont je viens de décrire le sous-sol, se trouve à la lisière orientale de notre arron-

(1) *Oolite ferrugineuse.*
(2) *Oolite inférieure et à polypiers.*
(3) *Fullers earth.*
(4) *Great oolite.*
(5) *Bradford clay et forest marble.*
(6) *Cornbrash.*

dissement, d'où elle se prolonge le plus souvent dans l'arrondissement de Nancy, par les intervalles que laissent entre elles les fractions de la contrée de l'Est et du Sud. Elle part, au nord, des hauteurs de Vandelainville, Bayonville et Arnaville ; de là jusqu'au sud elle suit la ligne de séparation des arrondissements, excepté aux points de rencontre avec les fractions que je viens de citer, fractions qu'elle touche au voisinage de Vilcey-sur-Trey, plus loin sur les hauteurs de Griscourt, Gézoncourt et Villers-en-Haye, puis à l'ouest de Liverdun, ensuite près de Sexey-aux-Forges, enfin elle arrive sur les finages de Germiny, Crépey, Selaincourt, Saulxerotte, Favières, Battigny, Vandeléville, Fécocourt, Grimonviller et Beuvezin.

Dans cette contrée sont compris les territoires, en tout ou en partie, de Dommartin-la-Chaussée, Xammes, Charey, Jaulny, Thiaucourt, Bouillonville, Euvezin, Regnéville-en-Haye, Rémenauville, Flirey, Lironville, Mamey, Bernécourt, Noviant-aux-Prés, Manonville, Domêvre, Tremblecourt, Rogéville, Manoncourt, Royaumeix, Rosières-en-Haye, Jaillon, Aingerey, Sexey-les-Bois, Villey-le-Sec, Pierre, Bicqueley, Tuilley, Ochey, Allain-aux-Bœufs et Colombey.

La limite *ouest* de cette même contrée, coupe une portion des finages de Pannes, d'Essey, de Saint-Baussant, de Seicheprey, de Beaumont, de Bernécourt, de Grosrouvre, de Minorville, de Royaumeix, de Ménil-la-Tour, d'Andilly, d'Avrainville, pour arriver au nord de ceux de Villey-Saint-Etienne et Fontenoy, et se diriger, entre Velaines et Gondreville, sur Villey-le-Sec, de là, entre Chaudeney et Pierre, pour atteindre l'ouest de Bicqueley, enfin Allain-aux-Bœufs et Colombey.

Un sous-sol très calcaire qui n'offre d'argiles et de marnes, dans une très grande partie de son étendue,

que comme une exception, ne peut être recouvert, le plus
ordinairement, que d'une mince couche arable. C'est en
effet ce qui a lieu dans la Haye et son prolongement. Cette
couche n'y a une certaine profondeur que vers leurs limites est et ouest. Les fonds sont mieux pourvus : des terres
venant surtout des contrées voisines, y ont été entraî-
nées par les anciennes inondations et par les pluies ac-
tuelles. Mais les flancs des coteaux et les hauteurs, faute
d'une terre naturelle, n'en ont parfois qu'aux dépens de leurs
calcaires que l'air et la gelée ont ameubli, et dont les parties
ainsi pulvérisées se sont mêlées aux marnes et argiles rares
sur ces points, pour former un sol très superficiel que la
charrue n'attaque guères sans en extraire des pierres du
fond : aussi ce sol est-il graveleux et pierreux. Cette mai-
greur de la terre cultivable, sa petite quantité, son peu
d'épaisseur, son aridité causée par sa perméabilité et par
celle des calcaires sous-jacents, ce qui empêche les eaux de
la pluie de la bien tremper et celles des sources de s'y
rassembler en ruisseaux, toutes ces circonstances rendent
le territoire peu fertile par lui-même. On ne peut arriver à lui donner une certaine valeur, qu'en le défonçant,
l'amendant et l'engraissant, enfin qu'en le travaillant
convenablement. C'est ce qu'on remarque dans le canton
de Domêvre et dans une partie de celui de Thiaucourt
où la culture, à force de soins et de peines, gagne d'année
en année. On note aussi, comme digne d'être observé, l'art
avec lequel on a fertilisé le sol des vignes de ce dernier
canton. C'est dans les environs de Colombey où le progrès laisse le plus à désirer, quoiqu'il tende évidemment
à s'y produire.

On cultive spécialement les céréales et les fourrages dans
la Haye et son prolongement. La vigne prospère à Thiaucourt et dans ses environs. Des bois composant d'immenses

forêts, existent sur plusieurs points de la contrée. On obtient dans la Haye d'assez bons et beaux produits, surtout dans les années humides, quoique peu abondants d'ordinaire. Le blé, l'avoine, la pomme-de-terre, le trèfle, la luzerne, plus rarement le sainfoin, les légumineuses même, et les fourrages-racines compatibles avec un sol très calcaire et peu profond, y sont semés. On pourrait y répandre d'avantage le seigle et l'orge. C'est aux prairies artificielles déjà très répandues dans cette contrée que de tels résultats sont dus. Elles ont permis d'y tenir beaucoup de bestiaux et d'avoir ainsi de l'engrais. Avec de l'ordre, de l'opiniâtreté et de la fumure, on a forcé son sol ingrat à produire de manière à fournir au-delà du nécessaire des habitants. Bel exemple à mettre sous les yeux des cantons mieux partagés sous le rapport de la fertilité du sol, et qui ne parviennent cependant pas à obtenir des récoltes relatives à la richesse de leur territoire !

3° *Contrée de la Voëvre et son prolongement méridional* (1). Le mot *Voëvre* indique un sol humide, marécageux. C'est qu'en effet cette contrée, surtout autrefois, a mérité ce nom. Elle est constituée par des argiles et des marnes abondantes, difficilement perméables, et elle présente peu de pierres ; aussi y voit-on des étangs, des marais et des terres fangeuses, dans les points où elle est horizontale. Partout ailleurs les pentes, même les plus faibles, quand elle semble plate cependant, suffisent pour porter ses eaux vers les ruisseaux qui la parcourent. Dans la plus grande partie de son étendue, son terrain ne présente que de légères ondulations. S'il s'élève en coteaux c'est qu'il est appuyé sur des calcaires d'une contrée voisine ou qu'il en est recouvert. C'est sa nature argileuse qui lui a fait prendre une disposition aussi peu montueuse,

(1) *Troisième formation. Marnes oxfordiennes.*

commune du reste à tous les terrains de même genre. Le prolongement méridional de cette contrée a été creusé par les eaux de la Moselle et de ses affluents près de Toul ; là on y voit à droite et à gauche de la rivière des talus accidentels qui modifient localement la surface naturelle du sol.

La Voëvre réunie à son prolongement est fort étendue. Sa superficie peut être évaluée à 38,000 hectares. Très large vers le nord-ouest, depuis les côtes d'Hattonchâtel, Monsec, St.-Julien et de là à Corniéville, dans la Meuse d'une part, jusqu'à Pannes, Saint-Baussant, Seicheprey, Beaumont, dans la Meurthe d'autre part, elle descend ensuite en se rétrécissant vers Toul, d'où son prolongement se continue sur les Vosges par le sud de l'arrondissement. Au *sud-ouest* de sa partie nord, à *l'ouest* de sa partie méridionale, elle est bornée par le haut des coteaux qui dominent Boucq, Trondes, Laneuveville-derrière-Foug, Laye, Lagney, Lucey, Bruley, Pagney-derrière-Barine, Toul, Ecrouves, Foug, Ménilot, Choloy, Domgermain, Charmes-la-Côte, Mont-le-Vignoble, Blénod-les-Toul, Bulligny, Allamps, Vannes, Saulxures, Mont-Létroit. Outre une partie des finages de ces communes, cette contrée comprend aussi une portion du territoire des communes à travers lesquelles passe la ligne de sa limite *nord-est*, vers le nord, et *est* dans son prolongement méridional. Elles sont : Pannes, Essey, Saint-Baussant, Seicheprey, Beaumont, Bernécourt, Grosrouvre, Minorville, Royaumeix, Ménil-la-Tour, Andilly, Avrainville, Villey-Saint-Etienne, Fontenoy, Sexey-les-Bois, Villey-le-Sec, Chaudeney, Bicqueley, Allain-aux-bœufs et Colombey. Il reste pour compléter la liste des communes bâties sur le sol de la Voëvre et de son prolongement, celles qui occupent le milieu de la contrée et qui sont : Mandres-aux-quatre-tours, Hamonville, Ansauville, Sanzey, Bouvron, Francheville, Gondreville, Dommartin, Gye, Moutrot, Crésilles, Bagneux, Barisey-la-côte, Housselmont et Barisey-au-plain.

Voyons comment sont disposées les couches terreuses et pierreuses de son sous-sol. Les dernières assises ouest des calcaires de la Haye et de son prolongement sont isolées les unes des autres par des marnes et des argiles plus ou moins sableuses, déjà assez prononcées. Après avoir quitté ces assises pour entrer dans la Voëvre ou dans son prolongement, on trouve encore en allant vers l'est ou le sud-est, une succession nombreuse de calcaires marneux jaunâtres, gris, roussâtres, tous d'une faible dimension, souvent grumeleux, quelques-uns sub-oolitiques, même offrant des oolites ferrugineuses, et séparés entre eux par des couches de marnes de mêmes nuances (1). Cette première division ne se montre que dans une faible partie de la largeur de la contrée.

Ensuite on trouve sur une vaste étendue, surtout dans le nord de l'arrondissement, une immense quantité de couches de marnes bleues, grises, noirâtres, roussâtres, jaunâtres, d'argiles de mêmes nuances, de sables et d'argiles très sableuses, gris, roux, jaunes, couches venant toutes les unes après les autres sans ordre, ni pour la nature de la substance ni pour son épaisseur. De très loin en très loin, apparaissent des calcaires marneux, quelquefois sableux, qui partagent les nuances des terres au milieu desquelles ils se trouvent. Ils forment des bancs interrompus, assez minces d'ordinaire, souvent sans coquilles et nullement oolitiques. On y remarque encore des rognons marno-siliceux isolés et des argiles endurcies feuilletées. En certains endroits les pierres manquent totalement sur une grande profondeur, et les terres

____

(1) *Kelloway rock.*

existent en couches des plus puissantes. Cette seconde division s'étend jusqu'au pied des côtes qui de Boucq vont jusqu'à Toul, et de là se dirigent à Mont-Létroit (1).

La pente abrupte des côtes qui viennent d'être citées, leur pente douce même, et souvent le fond et le flanc de leurs gorges, sont formés de couches marneuses, argileuses et sableuses, avec bancs de pierres de même nature intercalés, dont les unes et les autres affleurent sur le penchant de tous ces points élevés. Ces couches et ces bancs superposés donnent un fort talus qui se voit de très loin. Des éboulis terreux et graveleux provenant des argiles, des marnes et des calcaires qui dominent la hauteur, et qui appartiennent à la contrée que nous décrirons plus loin, recouvrent le talus. Les calcaires marneux de cette partie de la contrée, sont d'ordinaire fortement siliceux au point de passer au grès ou au silex ; ils se trouvent lardés de coquilles. Leurs assises sont rarement épaisses ; entre elles sont des marnes et des argiles très sableuses. L'assise la plus élevée et les argiles qui la supportent ou la recouvrent, sont ferrugineuses et oolitiques non exploitables dans notre arrondissement, mais utilisées comme mines de fer dans d'autres pays, dans la Meuse par exemple. Telle est la troisième division (2).

Ces trois divisions présentent chacune des différences marquées dans la nature de leur sol cultivable, ce qui se conçoit d'après l'examen que nous venons de faire du sous-sol. Ensuite le lit de la Moselle, ses bords et les environs de cette rivière au loin, sont chargés d'alluvions sableuses qui l'ont altéré, par un mélange de leurs parties, avec les terres sur lesquelles elles se sont déposées.

(1) *Oxford-Clay*.
(2) *Argiles à chailles* ou *chailleuses* ; *calcareous-grit*.

La couche arable est composée, dans la Voëvre et dans son prolongement, de quatre genres de terres, plus ou moins combinées et unies entre elles. On y trouve de la terre argilo-marno-sableuse, c'est la plus commune ou terre franche ; de l'argileuse et sablo-argileuse moins calcaire, ou terre forte, froide ; de la marno-sableuse, quelquefois très sablonneuse, ou terre légère ; et de la marno-sablo-graveleuse, terre remarquable dans les vignes de nos côtes.

La division qui court du nord au midi, près de la Haye et de son prolongement, présente une argile sableuse très calcaire, souvent assez maigre, quelquefois ferrugineuse ou rouge ; souvent au contraire une terre tout-à-fait franche cependant, mais alors quand elle ne repose pas sur un fond pierreux trop rapproché de la surface du sol. Quant à la couche arable de la deuxième division, jusqu'au pied des coteaux de l'ouest ou du sud-ouest, elle est excellente, quoique sa terre soit fréquemment forte, et à peu près exempte de pierres. Celle-ci convient à tous les végétaux usuels, aux céréales comme aux plantes économiques, aux produits potagers comme aux arbres fruitiers. Les amendements ne lui sont pas fréquemment nécessaires et elle s'accommode de tous les engrais. Elle est habituellement pénétrée d'une quantité considérable d'humus qu'elle peut retenir à cause de sa nature argileuse, ce qui la constitue dans beaucoup d'endroits un riche terrain. A côté d'un sol excellent, il peut cependant, dans cette division comme partout ailleurs, se rencontrer un sol trop sableux, ou trop calcaire, ou trop argileux, qui communique à la terre les inconvénients du vice de sa constitution. On ne peut assigner d'ordre ni de lieux à ces modifications. Trop argileux, le terrain conserve trop d'humidité ; il est difficile à travailler et com-

promet l'avenir des récoltes. Les différentes plantes fourragères, surtout le trèfle après des amendements avec
des boues de routes, lui conviennent pour l'améliorer.

Le froment et l'avoine prospèrent dans le vaste territoire représenté par cette seconde division de la contrée
Voivrienne. On y voit de belles prairies naturelles de
graminées et de légumineuses vivaces. Les fèves, les
pois, les vesces, les lentilles, les choux, les choux-
raves, les betteraves et le colza y réussissent bien,
mais y sont peu répandus à cause de l'usage du système
triennal. C'est dans les points les plus élevés que viennent
le mieux les seigles et les belles avoines, ainsi que les
pommes-de-terre, comme, du reste, les récoltes sarclées.

Les terres rendues plus ou moins sablonneuses par des
alluvions, en sont devenues plus légères, plus chaudes,
trop sèches souvent. Quand le sable y domine, elles deviennent pauvres. Il leur faut alors beaucoup d'engrais.
On voit des exemples de ces terres autour de Toul, à
Ecrouves, Gondreville, Chaudeney, Villey-Saint-Etienne, etc.

Les flancs de coteaux qui forment la grande bande sud-
ouest ou ouest terminale de la contrée de Voëvre et
de son prolongement, sont tous recouverts d'un sol arable
argilo-sableux et graveleux ; mais il a une position tellement inclinée qu'il ne convient pas aux cultures labou-
rées. La vigne y prospère très bien, et, selon qu'il est plus
ou moins profond, plus ou moins argileux ou calcaire,
selon que la couche terreuse y est entretenue avec plus
ou moins d'épaisseur, enfin selon l'exposition, la qualité
des produits diffère considérablement, quoique étant tous
d'une réputation non douteuse.

4° *Contrée des Côtes* (1). Elle est calcaire ; sous ce rap-

(1) Quatrième formation ; coralrag.

port elle peut être assimilée à la Haye. Presque toutes ses parties élevées sont boisées. On n'en livre guères à la culture que les vallons où le sol moins pierreux réunit plus de terre et est arrosé par des ruisseaux. Sa limite *est* se trouve, on le conçoit, formée par les confins de la contrée précédente, et la lisière occidentale de l'arrondissement est pour nous sa limite *ouest*. La contrée des Côtes, ainsi nommée de sa forme montueuse, et surtout à cause de son escarpement terminal vers la Voëvre ou son prolongement, offre une superficie de 12,000 hectares.

Nous avons vu que cet escarpement chargé de vignes, se trouve recouvert de calcaires sur sa hauteur. Ils forment les premières couches de la contrée que nous décrivons. D'abord assez marneux, grumeleux, fragmentaires, grisâtres, ils deviennent ensuite blancs, exempts de marnes et d'argiles, sub-oolitiques, compactes, ou plus ou moins chargés de polypiers et de coraux ; alors ils prennent souvent l'apparence spathique (1). Plus haut ils sont compactes encore ; viennent immédiatement après eux, sans transition quelquefois, des massifs calcaires les uns compactes, les autres oolitiques, presque toujours très blancs. Au milieu de leur série surtout ils prennent une consistance crayeuse (2).

On conçoit que la couche arable doit être mince sur ce fond là. Les forêts qui y croissent et le recouvrent presqu'en entier, y en ont formé une cependant quelquefois bien ameublie et profonde, mais très maigre et contenant une foule de pierres de tous les volumes. La terre y est donc des plus calcaire et graveleuse, principalement dans les lieux où existe la roche crayeuse. Les vallées souffrent moins de cet état de choses que les hauteurs, parce que

(1) *Calcaire corallien et oolite corallienne.*
(2) *Calcaire à nérinées.*

des marnes et des argiles des environs y ont été entraî-
nées par les anciens courants, surtout de la Voëvre et de
son prolongement. Nous citerons pour exemple la vallée
d'Uruffe à Gibaumeix, seules communes réellement assises sur le territoire de la contrée des Côtes, et celle
de Trondes à Laye, villages qui ne lui appartiennent
pas, quoique la vallée elle-même soit placée entre eux.
Aussi ces parties sont à peu près les seules cultivées de
la contrée, et la végétation n'y est pas chétive comme
elle le serait si on livrait à l'agriculture les points élevés
abandonnés à peu près tous à la sylviculture.

Quant aux produits agricoles nous n'en parlerons pas.
Ils ont assez d'analogie avec ceux de la Haye ; mais ils
sont fournis par un sol trop peu étendu pour mériter
d'être l'objet d'un examen particulier.

§ V. — *Ce qui se passe dans le sol de nos contrées
agricoles, quand il produit; influence de sa constitution et des substances de sa terre arable sur la végétation; théories agricoles appropriées à ces circonstances
locales.*

J'ai établi quelle est la constitution des terrains de l'arrondissement, j'ai examiné ses pierres, ses terres, j'ai
parcouru les quatre contrées agricoles qui s'y trouvent, et
jeté un coup-d'œil sur le degré et le genre de fertilité qui
est propre à chacune d'elles. Avant de passer en revue,
à l'aide de la statistique, tout le système des diverses cultures auxquelles on se livre dans ces contrées, ainsi
que les résultats qu'on en retire, pour en faire ressortir
les défauts ou les avantages, je vais dérouler rapidement

la succession des phénomènes qui se passent dans le sein des différentes parties de notre sol pendant qu'il produit. Cette appréciation théorique de la valeur de notre territoire, me permettra d'en faire dériver des conséquences pratiques utiles. En omettant de traiter ce sujet je risquerais d'être mal compris dans plusieurs des paragraphes de la seconde partie, car c'est sur ces conséquences plus ou moins mal connues ou prises en faible considération jusqu'ici chez nous, que nous aurons surtout à insister.

La terre par elle-même est inerte. La plante hors du sol, reste inerte également. Toutes deux séparément n'ont point d'activité ; mais dès qu'elles sont mises dans un contact suffisant, chacune agit sur l'autre. C'est qu'il existe entre elles des rapports particuliers de convenance plus ou moins parfaits, plus ou moins exacts, selon la nature de la première et selon l'espèce de la seconde, rapports tels qu'un mouvement continuel s'exerce de la part de toutes deux dans l'intérêt de la végétation. Il y a alors pour cela une réaction non interrompue entre les principes de la terre et les parties organiques de la plante, principes qui sollicitent la vitalité de celle-ci et contribuent matériellement à son accroissement. Pour être fertile il faut donc que la couche arable soit pourvue de ces principes vivifiants et nourriciers, qu'elle soit, comme on le dit, d'une bonne qualité. Ils sont, outre de l'eau élevée à un certain degré de chaleur et chargée d'air, des sels analogues à ceux qui forment les cendres des végétaux. Or, comme la composition des cendres est très variable, il faut pour que la couche arable soit riche, qu'elle recèle toutes les variétés des sels qui les constituent dans les diverses plantes réclamées par l'agriculture. Autrement la couche arable ne conviendrait qu'au développement complet d'un certain nombre d'entre elles. Il faut, à plus forte raison, qu'elle en contienne en quantité suffisante, sinon elle serait bientôt totalement infertile. Une graine ne germerait cependant pas dans des cendres humides, elle serait bientôt comme brûlée; c'est qu'il est nécessaire que les principes semblables à ceux de ces cendres que renferme la terre, y soient unis entre eux dans un autre ordre, et de telle façon qu'ils restent tous insolubles, hors le cas de l'acte de la végétation. Une influence propre aux racines, aidée de la chaleur, même de la lumière et de l'électricité, surtout de l'humidité et de l'air, doit seule être capable de les disposer à être attaqués par ces racines.

On s'est assuré que ce sont les corps argileux, ou les terres dont la composition est analogue à la leur, qui contiennent les sels des cendres propres à l'entretien de la végétation. La présence du sable y est importante, tant pour diviser la substance, lui ôter toute compacité, que pour fournir elle même de sa matière aux plantes. Le calcaire y est essentiel pour agir également comme corps nutritif, et en outre comme réactif des plus énergique sur les parties composantes de l'argile, réactif propre à les rendre solubles, et ainsi faciles à être absorbées par les racines. Les sels terreux et alcalins dont les plantes vivent, sont les silicates de potasse et de soude, ceux d'alumine et de chaux, les phosphate et carbonate de chaux, quelque peu de phosphate et de carbonate de magnésie, des traces d'oxide et de carbonate de fer, ainsi que des chlorures, sels que contiennent, en plus ou moins grande proportion, les corps argileux : ils constituent ce que nous appellerons *l'aliment terreux des plantes,* qu'elles s'assimilent diversement.

Les animaux et l'homme, de leur côté, usent des plantes comme de l'une de leur principale nourriture ; ils leur prennent par là cet aliment terreux et se l'assimilent aussi, mais plus ou moins modifié, soit pour fournir des éléments fort essentiels à leur sang, comme je l'ai démontré autrefois, soit pour contribuer à constituer les autres parties de leur corps, les solides comme les liquides, surtout les os. Ces plantes, les animaux et l'homme même les rendent plus tard à la terre, par leurs excrétions pendant la vie, et après la mort par leurs cadavres. A peine retournés au sol d'où ils provenaient, ils rentrent dans d'autres végétaux, puis dans la substance des animaux et dans celle de l'homme, pour finir encore par revenir au sol. Il s'établit ainsi une circulation saline incessante, de la terre aux plantes, des plantes aux animaux et à l'homme, puis de là à la terre, circulation d'un grand intérêt agricole. Ces faits généraux posés, arrivons à exprimer la faculté nutritive de la couche arable de nos contrées.

En lisant le paragraphe deuxième de cette première partie, on voit que nos argiles sont fournies des sels terreux qui peuvent fertiliser un sol, et qu'elles paraissent fort riches sous de tels rapports. Le calcaire et le sable y existent presque toujours en proportion suffisante pour aider à l'ameublissement de leur substance et à la dissolution de ces sels. Notre contrée de l'Est et du Sud de l'arrondissement et celle de la Voëvre, ne sont si productives qu'en vertu d'une faveur de la nature qui les a chargées d'argiles, soit pures, soit sableuses, soit calcaires, et à l'état de marnes ou de calcaires marneux, etc. Au contraire cette même nature a été avare de ses dons à l'égard des contrées de la Haye et des Côtes ; aussi, si l'on n'y intervenait, elles ne donneraient que de chétives récoltes.

Notre couche arable renferme du phosphate de chaux

et de magnésie, du carbonate des mêmes bases, des silicates alcalins, des sulfates, etc., sans lesquels les céréales et les farineux ne peuvent prospérer. Ces sels y existent en quantité assez forte pour la production abondante d'un grain de qualité très notable, et pour celle de tiges bien développées. Néanmoins cette production épuise bientôt notre sol, surtout dans les terrains calcaires ou sableux; cela a lieu principalement de la part des farineux que du reste nous ne cultivons guères. On sait qu'il faut à la vigne une forte proportion de sels nutritifs; les pentes de nos côteaux argilo-calcaires et sableux, en fournissent abondamment, au grand profit du pays; mais elles éprouvent aussi de la fatigue à la longue. Les graminées et les légumineuses de nos prairies naturelles, ainsi que les plantes de nos fourrages artificiels vivent sur un fond qui leur donne également avec libéralité l'aliment minéral qu'elles exigent; cependant après quelques années l'épuisement se fait encore sentir. Il n'est pas jusqu'à nos forêts qui ne croissent sur un territoire assez fécond, à tel point que notre sol boisé parait être inépuisable, quoiqu'avec juste raison ces forêts n'occupent, pour la plupart, que des parties peu riches. C'est aussi qu'il ne faut guères aux bois que 50 kilog. d'aliment salin annuellement par hectare, tandis que les récoltes agricoles, prises en masse, en consomment chaque année plus de 350 kilog., par hectare également; telle est la cause de leur peu d'exigence dans la qualité du terrain.

L'eau, *l'aliment liquide des plantes*, ne manque pas dans nos contrées, soit pour aider à dissoudre les sels de la terre, soit pour s'insinuer elle-même directement dans les végétaux et en délayer la sève, soit enfin pour donner à ceux-ci ses propres éléments dissociés pendant l'acte nutritif. Notre eau ne renferme aucun principe nuisible à la végétation ; au contraire elle contient, comme partout où la culture est prospère, des substances alimentaires particulières qui s'y trouvent en dissolution. Ces substances sont de *l'ammoniaque* (alcali volatil) et même de *l'acide azotique* (eau forte), corps qui, engagés dans certaines combinaisons, apportent aux plantes *l'azote* qui leur est si nécessaire et qu'absorbent les racines. C'est à des circonstances qu'il n'est pas de notre objet d'exposer, qu'est due la présence de tels corps, soit dans l'eau de pluie soit dans celle qui est infiltrée au sein de la terre , pour jouer un des plus grands rôles de la végétation.

De son côté, l'air apporte lui-même un contingent de nourriture aux récoltes. Cet *aliment gazeux des plantes* livre à leurs feuilles de l'acide carbonique qui y dépose la matière charbonneuse si abondante dans tout végétal. Il donne aussi de l'azote à quelques cultures, et par la même voie ; mais cette substance pénètre le plus ordinairement par les racines, comme il a été dit. L'air de nos contrées est assez pur , assez humide , assez renouvelé pour bien fonctionner et pour activer puissamment la végétation.

La *chaleur* et la *lumière* sont indispensables à l'accomplissement des divers phénomènes qui viennent d'être exposés. Nos récoltes ont souvent à souffrir plutôt du froid que du chaud. Quand elles languissent sous l'influence d'une température élevée, c'est moins à l'effet de cette température qu'elles doivent leur dépérissement qu'à la sécheresse qui en est la conséquence.

Les *qualités physiques* du sol modifient sensiblement aussi ces mêmes phénomènes. Il est inutile de nous y arrêter. Il n'y a rien en cela de spécial pour nos localités.

Abandonné à lui-même notre sol, même dans les parties les plus fertiles, les mieux exposées, les mieux aérées, les mieux arrosées, ne donnerait bientôt, d'après ce qui vient d'être rapporté, que de chétifs produits par l'effet de l'épuisement qu'y occasionnent les cultures, si l'on n'y pouvait remédier. On conçoit qu'après un certain nombre d'années de récoltes, il finirait par ne plus rester pour terre arable que de la silice, du calcaire et une argile privés de sels alimentaires. Le sol deviendrait improductif. Les exemples de cet épuisement ne sont pas rares dans le pays. On le prévient en partie, en approfondissant chaque année la culture pour amener à la surface une terre vierge, et aussi en recourant aux *amendements* qui ont pour objet soit de renouveler le sol par l'apport de terres dont on le surcharge, soit de lui procurer des éléments dont il est privé, ainsi du calcaire, du sable, de l'argile, s'il en est dépourvu ; enfin de le fournir de quelques matériaux fertilisants qu'il a perdus. Mais cette ressource deviendrait bientôt inefficace, si nous ne pouvions mettre en pratique ce que la théorie nous indique, si nous ne pouvions en un mot rendre directement au sol les sels que les récoltes lui ont enlevés, et en même temps enfouir dans son sein des substances azotées pour ajouter leur effet à l'action de celles que contiennent naturellement les eaux de pluie ou de sources. Nous arrivons à ce résultat très facilement, des sels terreux se trouvant naturellement dans les débris des végétaux et des animaux qui ont péri, ainsi que dans les excréments donnés chaque jour par les animaux vivants, et ces sels y étant joints précisément à des substances azotées plus ou moins décomposées en produits ammoniacaux. C'est ce qui constitue nos *engrais,* qui peuvent seuls remédier complètement à l'épuisement du sol.

La théorie annonce et des expériences confirment que si nous possédions annuellement une quantité suffisante d'engrais, pour restituer en totalité à la terre ce que nous lui enlevons, nous serions à même de cultiver, d'une manière luxuriante, dans les mêmes champs, et continuellement, les mêmes végétaux; ainsi de faire produire du blé indéfiniment par un sol quelconque, ou de l'avoine ou une autre récolte.

Malheureusement faute d'engrais en quantité convenable, nous sommes loin d'atteindre cette perfection de l'art. Aussi nous faut-il user d'artifice pour cultiver avec succès et obtenir des récoltes abondantes. L'agriculteur n'a pas seulement, comme le croit le vulgaire, à entamer le sol avec la charrue, à y répandre de la semence, etc.; avant tout il partage ses champs en plusieurs *soles ou saisons*, dans chacune desquelles se succèdent, selon un ordre particulier, les diverses récoltes, de manière que l'une après avoir épuisé la terre de certains sels, fasse place à une autre qui en extraie des sels différents. Ainsi après le blé, par exemple, qui pour son grain exige beaucoup de potasse et de soude, il sème de l'avoine qui remplace ces substances par de la silice et du soufre. Il fait suivre aussi les légumineuses, trèfle, sainfoin, luzerne, qui ont la faculté de tirer leur azote de l'air, par des graminées qui prennent tout le leur dans la terre. Il semble savoir que les farineux épuisent promptement le sol de ses phosphates; aussi il évite de les cultiver....., etc. A son insu ces raisons qui basent la *loi d'alternance des végétaux,* l'ont engagé à établir la *rotation* que nous voyons dans ses récoltes. Il l'a calculée d'après le genre de celles qu'il recherche, et il a formé un *assolement* en conséquence, selon le *morcellement* de son domaine, la qualité de ses terres, et le *peu* d'engrais dont il dispose. Comme l'engrais lui manque il se voit forcé de laisser reposer ces terres : fort souvent elles font ainsi *jachère* ou *versaine*, pour que les influences atmosphériques et l'action des eaux puissent en modifier les parties épuisées, et disposer à la solubilité certains sels qui exigent un long temps avant d'être convenablement attaqués par les liquides dissolvants.

Voilà comme s'est établi chez nous l'*assolement triennal pur*, et la *rotation en blé, marsages, versaine ;* puis l'*assolement triennal modifié,* dans lequel partie de la jachère porte des légumineuses, des pommes-de-terre, des plantes oléagineuses, etc.; assolement qui, malgré ses défauts graves, prend faveur.

Il suit de cet exposé que nos cultivateurs intelligents qui veulent doubler leurs produits, et en varier le genre, doivent avant tout se livrer à la culture des fourrages et tenir des bestiaux. Ce sont ainsi les prairies naturelles et artificielles qui deviendront pour eux une source d'engrais. Pour qu'ils en obtiennent suffisamment, ils consacreront même aux récoltes fourragères moitié de leurs domaines. Ce n'est que par là qu'ils arriveront à la culture avantageusement exubérante des diverses autres espèces agricoles alimentaires, industrielles, commerciales, etc. Ainsi ils modifieront leur assolement, et ils choisiront un nombre déterminé de ces espèces, d'exigences convenablement variées, qui se succèderont dans leurs champs, 4, 5, 6 ans ou plus, pour y revenir dans le même ordre. Pendant cette révolution, le sol s'enrichira par les engrais qu'ils y répandront annuellement, et dont les principes s'accumuleront au profit des diverses espèces dont ils sont l'aliment essentiel. Ce sol s'améliorera aussi par la décomposition de sa base minérale qui se transformera peu à peu en éléments solubles.

IIᵉ PARTIE.

—

STATISTIQUE.

—

L'agriculture est l'art non-seulement de tirer de la terre des produits végétaux utiles à l'homme et aux animaux domestiques, mais aussi d'obtenir ces produits en nombre très varié et en grande abondance; cependant de les avoir au moindre prix et aux conditions qui les rendent les plus durables. Pour savoir si l'on a atteint ce but, il faut d'abord estimer ce que le sol fournit actuellement, et voir s'il y a un rapport permanent et convenable entre l'étendue et la fertilité de ce sol et les récoltes qu'il donne. La statistique a pour premier objet de prononcer sur une partie de ce point essentiel, en établissant un résumé numérique raisonné tant des différentes contenances des contrées mises en culture, que du genre, de la qualité et de la quantité de leurs produits, ainsi que de la valeur de ceux-ci. Elle fait pressentir alors si l'on suit les principes d'une bonne culture ou si l'on est engagé dans la voie qui y conduit. Cette recherche terminée, il faut ensuite procéder à l'examen du mode de travail qu'on fait subir à la terre, du genre de placement successif des végétaux qu'on lui confie, etc. C'est là le dernier objet de la statistique, qui est peut-être plus important que le premier; car alors tout en confirmant les indications des résultats déjà obtenus, elle fait saisir les causes de la prospérité de la culture ou de ses imperfections. En tous cas les moyens d'amélioration ressortent d'eux-mêmes du fond du sujet. C'est à ce double point de vue que je vais maintenant considérer l'arrondissement de Toul.

D'ordinaire on se borne pour ainsi dire uniquement à ces divers calculs, à ces différentes observations, et aux raisonnements basés sur les faits qui en proviennent, pour évaluer la richesse agricole d'un pays, et l'on s'occupe à peine du sol et de son action d'une manière accessoire, comme si l'un et l'autre n'entraient que pour peu de chose dans le problème à résoudre. C'est un tort. En effet la topographie qui n'est cependant que la simple description des lieux et l'examen de leur influence, vient de nous procurer à *priori* des termes essentiels pour ce problème, relativement à notre arrondissement, termes qui nous aideront beaucoup à rendre concluants les résultats à *posteriori* que nous obtiendrons des recherches statistiques. Celles-ci difficiles à tenter, sont en outre toujours incomplètes sur quelques points, malgré des documents bien recueillis, et qui en apparence offrent toutes les garanties désirables d'exactitude. C'est l'appui des données topographiques qui concourt alors puissamment à les rectifier, en leur servant comme de contrôle. Aussi dans un ouvrage étendu sur la matière que je ne fais qu'effleurer, il faudrait traiter la topographie avec autant de soin, et peut-être avec plus de développement que la statistique.

Je vais commencer par exposer dans le tableau suivant, les relevés que j'ai faits d'après les règles qui viennent d'être posées. J'en examinerai ensuite les données avec détail.

APERÇU APP

De la division agricole du sol de l'arrondissement, de son genre d'occupation
ou cultivées , de la quantité moyenne annuelle de produit donné par les
nuelle de ce produit.

Division agricole du sol de l'arrondissément.	Genre d'occupation ou de culture classé selon la division.	Etendue des parties occupées ou cultivées.	Quantité de produit donné par culture.
		hect.	
Sol inculte non cultivable. 2,300 hectares.	Maisons , rues, etc.	300	»
	Carrières, pierrailles, etc.	30	»
	Routes, chemins, etc.	1,400	»
	Cours d'eau.	570	»
Sol inculte cultivable. 4,000.	Terres vaines et vagues.	1,700	Prod. paturé.
	Paturages.	2,000	idem.
	Étangs , marais, etc.	300	Prod. divers.
Sol cultivé non ensemencé. 12,000.	Jachère.	12,000	Prod. paturé.
Sol cultivé, en céréales. 36,000.	Blé.	17,500	175,000 h.
	Avoine.	14,500	188,500 h.
	Orge.	5,500	38,500 h.
	Seigle.	500	5,000 h.
Sol cultivé en farineux. 430.	Légumes secs.	400	4,800 h.
	Sarrazin.	30	300 h.
Sol cultivé en fourrages. 12,280.	Pailles diverses.	»	736,600 q.
	Fourrages naturels.	6,800	238,000 q.
	Fourrages artificiels.	2,400	84,000 q.
	Pomme de terre.	3,000	270,000 h.
	Carotte, betterave, etc.	80	16,000 q.
Sol cultivé en plantes industrielles. 1,000.	Colza , navette, etc.	400	4,400 h.
	Chanvre (filasse).	500	1,000 q.
	— (graine).	»	4,500 h.
	Lin (filasse).	30	45 q.
	— (graine).	»	180 h.
	Houblon.	70	560 q.
Sol cultivé en vignes. 6,000.	Grosse race surtout (vin).	6,000	360,000 h.
	— (eau-de-vie).	»	4,500 h.
Sol cultivé en jardins et vergers. 900.	Plantes potagères. etc.	400	Prod. indéter.
	Arbres à fruits.	500	idem.
Sol boisé. 38,000.	Terrains plantés.	400	idem.
	Forêts.	37,600	148,280 st., abattus annu.

Hectol. ou hau... dire hectolitre,   q. ou quint. quintal,   l. litre,   st. stère

PROXIMATIF

ou de culture classé selon cette division, de l'étendue des parties occupées diverses cultures, semence déduite, et de la valeur moyenne également an—

Quantité de produit donné par un hectare.	Prix moyen de l'hectol. quint., etc. du produit.	Valeur du produit donné par un hectare.	Valeur du produit donné par culture.	Produit et valeur classés selon la division agricole.	Totalité du produit et de sa valeur.
»	»	»	»	»	
»	»	»	»	»	
»	»	»	»	»	
»	»	»	»	»	
»	»	11 fr.	18.700fr.	Produit divers.	
»	»	11	22.000	Valeur annuelle.	
»	»	75	22.500	63,200 fr.	
»	»	2.60	31.200	Produit paturé. Valeur 31,200 fr.	
10 h.	16 fr.	160	2.800.000	Céréales.	
15 h.	5.50	71.50	1.056.750	407,000 hectol.	
11 h.	8	88	308.000	Valeur.	
10 h.	10	100	50.000	4,194,750 fr.	
12 h.	15	156	62.400	Farineux 5,100 h.	
10 h.	8	80	2.400	Valeur 64,800 fr.	
20 q.	2.50	50	1.841.500	Fourrages.	
55 q.	4.50	157.50	1.071.000	1,074,600 quint.	
55 q.	4	140	336.000	et 270,000 hectol.	
90 h.	1.50	135	405.000	Valeur.	
200 q.	1.50	300	24.000	3,677,500 fr.	
11 h.	20	220	88.000		
200 k.	1.75	350	175.000	Plantes industr.	
9 h.	15	117	58.500	1,605 quintaux	
150 k.	2.25	337.50	10.125	et 9,080 hectol.	
6 h.	15	90	2.700	Valeur 390,325 f.	
8 q.	100	800	56.000		
60 h.	10	600	5.600.000	Vin. E.564,500 h.	
75 lit.	0.50	37.50	225.000	Val. 5,825,000 fr.	
»	»	500	200.000	Jard.verg.p.indét.	
»	»	200	100.000	300,000 fr.	
»	»	50	20.000	Bois. 148,280 st.	
110st.p. hect. enc.	7.27 par stère.	799.70p. hect. en c.	1.077.995	Val. 1,097,995 f.	

Totalité du produit et de sa valeur : 1,055,680 hectol., tant de récoltes à grains, fourragères et industrielles, que de vins ; 1,076,205 quintaux de récoltes fourragères et industrielles; 148,280 stères de bois; enfin quelques autres produits en quantité indéterminée, consistant en fourrages, fruits et légumes. — Valeur totale : 13,644,770 fr.

hect. hectare, k. kilogramme, f. ou fr. franc, c. coupe, p. par, annu. annuellement.

La surface des coteaux et des vallons peu productifs, a été évaluée à 59,000 hectares ; ici nous considérons le sol de l'arrondissement complètement nu, et sans avoir égard à sa culture, bois, vignes ou autres productions qui peuvent le recouvrir. On y rencontre des terres quelquefois assez médiocres, même d'une qualité très inférieure. Ce n'est qu'à 21,000 h. seulement qu'on a estimé les terres dont la qualité est réellement supérieure, et qui se voyent d'ordinaire dans les plaines, les gorges ou au pied des collines, surtout au voisinage des petits cours d'eau. Il en reste 32,000 autres qui appartiennent indifféremment à des lieux élevés ou bas, et qu'on a rangés dans la catégorie des terres de qualité moyenne. Les forêts, les paturages, les landes, occupent principalement le sol le plus pauvre. Le *domaine agricole*, proprement dit, qui comprend toutes les cultures à l'exception de celle des bois, vignes et jardins, est de 68,610 hectares. Nous avons à peu près un cinquième de ce domaine composé de bonnes terres, presque moitié constitué par d'assez bonnes, tandis que le tiers de son étendue n'en offre que de médiocres ou de mauvaises.

On a calculé que ceux des terrains de la Voëvre qui maintenant sont comme on le dit *fleurs d'héritage*, s'élèvent à 12,000 h., et que les terrains analogues de la contrée de l'Est et du Sud, qui ont peut-être une valeur encore supérieure, en présentent 3,000 de ce genre. Il y a dans la Haye 30,000 h. de sol très pierreux à divers degrés, et 9, 000 dans les Côtes. Les terres sablonneuses des environs de la Moselle occupent 3,500 h. Enfin en comprenant les quatre contrées agricoles, 49,000 h. sont plus spécialement de nature argileuse, tandis que la prédominance calcaire se remarque dans les 64,000 h. restants.

65,493 habitants sont répartis dans les 119 communes de l'arrondissement, et un bétail de plus de 80,000 têtes y est entretenu. En réduisant le bétail en moutons, afin de faciliter le calcul que je vais faire, et en le distribuant entre les habitants, chacun d'eux aurait pour sa part l'équivalent d'environ cinq ou six moutons, avec quelques oiseaux de basse - cour. Pour son entretien et pour celui de son troupeau, il posséderait 1 hectare, 69 ares, 23 centiares de sol, c'est-à-dire 6 ares, 41 centiares de terres cultivables, mais non cultivées, 6 ares, 41 centiares de terres cultivées et non ensemencées, 80 ares, 46 centiares de terres cultivées en céréales, fourrages, plantes industrielles, jardins, vergers, et 58 ares, 58 centiares de forêts. Chacun de ces mêmes habitants aurait donc en propriété, 80 ares et demi de terres en rapport, et 58 ares et demi de bois. Le revenu brut du tout, pourrait lui donner annuellement à peine *deux cents francs !* mais si l'on déduit de cette somme, pour en former un revenu net, le prix du travail, l'achat des outils, la valeur et les réparations des maisons, etc., que lui restera-t-il ? Toute idée d'un partage territorial, d'après cela, doit être mise de côté comme une utopie ridicule, et l'on tirera de l'exposé de ce calcul cette vérité : pour conserver la prospérité de notre pays qui n'est point manufacturier, et qu'on peut à peine dire industriel, il faut y entretenir avec soin l'esprit d'ordre, de travail et d'économie qui y règne, loin d'y introduire des espérances irréalisables dont les seules tendances désorganiseraient à jamais la société. Cependant il est possible d'améliorer le revenu de notre sol et même d'arriver à le doubler. La situation que j'ai constatée pourra donc à l'avenir se modifier favorablement, non seulement pour augmenter l'aisance de la population actuelle, mais aussi pour pourvoir largement aux besoins de son accroissement incessant. C'est cette question qui sera l'objet des paragraphes suivants, où j'examinerai d'abord en détail, le genre d'occupation ou de culture du territoire, tel qu'il est porté au précédent tableau.

§ I. — *Coup-d'œil sur le sol inculte non cultivable, sur le sol inculte cultivable, et sur le sol cultivé mais non ensemencé; questions agricoles diverses qui s'y rattachent.*

Le sol qui reste improductif, forme le 6° de l'arrondissement. Voyons-le dans ses trois divisions.

1° *Sol non cultivable considéré dans ses rapports avec l'agriculture.* Quoique la végétation soit exclue de ce sol, puisqu'il est occupé par les bâtiments, les routes, les cours d'eau, etc., il ne laisse pas d'offrir un grand intérêt agricole. Ainsi nous y trouvons d'abord les établissements qui forment les ateliers de la culture. D'ordinaire ils sont agglomérés dans les communes, rarement existent-ils disposés en fermes isolées. On en distingue de deux genres : maisons de cultivateurs, maisons de vignerons. Leur construction, leur emplacement même, l'arrangement de leurs diverses parties, tant intérieures qu'extérieures, soit de celles qui servent de magasin ou d'usine, ou sont destinées au logement des animaux domestiques, soit de celles qui forment l'habitation de l'homme des champs, offrent beaucoup de défauts qu'il n'est pas de notre objet de relever ici, mais qui appèlent toute la sollicitude du Comice toulois. Le plus communément elles sont appropriées à la petite culture, à la culture presqu'exclusivement manouvrière des terres

labourables, ou à l'exploitation de quelques parcelles de
vignes. Un assez bon nombre sont cependant bâties pour
la moyenne culture, mais fort peu sont consacrées à la
grande. C'est que chez nous la propriété s'est prodigieusement divisée, et que chacun, dans nos campagnes, tient
à faire valoir son bien. Il y a là un avantage pour le bon
ordre et la tranquillité, mais un grand inconvénient pour
le progrès agricole qui nécessairement circonscrit par
l'éparpillement des parcelles de terres et par les besoins
peu étendus de la famille rurale, se trouve en outre
fort borné par le manque de capitaux, l'une des grandes
plaies de l'agriculture restreinte.

Il suit de cet exposé que j'ai surtout à insister dans
le cours de la statistique, sur la moyenne et principalement sur la petite culture. Notre grande culture d'ailleurs commence à être bien établie, et est dirigée maintenant par des agriculteurs assez distingués, pour qu'il
n'y ait pas de conseils à lui adresser. Elle constitue chez
nous çà et là comme des fermes modèles qui fournissent
des exemples à suivre à ceux que leur médiocre position
et leur faible fortune asservissent encore aux usages et à
la routine peut-être plutôt que l'insouciance et la mauvaise volonté. Comme l'esprit d'imitation est pour beaucoup dans tout progrès, la petite et la moyenne cultures
trouvent dans les essais que tente la grande, des enseignements dont elle profite. Ceci est un fait qui s'observe
tous les jours.

Cette digression me conduit à dire un mot sur deux
points essentiels à la prospérité agricole du pays. Chez
nous l'instruction agricole est toute pratique, faite par
simple tradition de père en fils, et nous manquons d'un
enseignement théorique à la portée de tous qui la secon-
derait beaucoup. Les notions nouvelles sur la culture,

ne sont puisées, le plus souvent, que dans les almanachs où elles se trouvent mêlées de ridicules prédictions, ou bien où elles ne sont données là que pour un pays qui n'est pas le nôtre. Il faudrait pour bien faire, mettre entre les mains des enfants des écoles de la campagne, de ces petits manuels d'agriculture qui ont été composés pour eux, et qui sont appropriés à leur âge. Ils y liraient de bons principes, des préceptes utiles qui, se gravant dans leur mémoire, seraient pour toujours leur guide. Là seulement ils pourraient en outre apprendre ce que malheureusement leurs parents ignorent eux-mêmes, presque tous du moins, l'*économie rurale*, l'emploi agricole des capitaux, c'est-à-dire leur placement dans la culture de manière à la bien faire fructifier, le calcul si important de la mise de fonds et du profit à en attendre, l'art de faire des réserves, le moyen de créer des épargnes, de tenir des registres de comptabilité, tels petits qu'ils soient, pour tout noter, avoir et doit, recette et dépense, semence achetée et mise en terre, récolte obtenue, partie vendue, partie consommée par la famille et les bestiaux, journées d'ouvriers à tant...... L'agriculture enseigne à recueillir d'abondants produits ; mais l'économie rurale, elle, apprend à bénéficier, à avoir de ces produits dont la valeur dépasse de beaucoup les capitaux mis pour les obtenir. La cause de tant de ruines, la chute d'une foule de cultivateurs et de vignerons, vient, en partie, du défaut d'ordre dans la comptabilité, et de l'ignorance des plus simples notions de l'économie rurale. Ils travaillent avec de mauvais outils, au jour le jour, sans système arrêté, sans savoir où ils en sont et où ils vont, comptant toujours sur une bonne récolte. En outre, quoique peu fortunés, ils s'aventurent dans la spéculation. Ils empruntent à gros intérêt pour gagner, par un labeur des plus rudes, souvent un intérêt moins élevé, et ainsi pour payer des rentes qui les perdent. Ils louent chèrement des fermes ou des gagnages, quelquefois en mauvais état, sans posséder un capital assez fort pour les exploiter utilement, ou sans exiger l'annulation de clauses ruineuses. Ils consacrent aussi leur argent ou celui qu'ils empruntent à l'achat ou à la location de trop de terres ou de vignes, sans songer qu'ils devraient employer une grande partie de leurs fonds à l'acquisition de bons instruments, à l'agrandissement de leurs greniers ou caves, à l'entretien d'un nombreux bétail de trait et de vente, en même temps producteur d'engrais.......

Le second point également essentiel à traiter rapidement ici, concerne le personnel agricole, c'est-à-dire le patron et sa famille, puis l'ouvrier et le domestique soit du cultivateur soit du vigneron. Si le chef de la maison doit l'exemple à ses enfants et à ses serviteurs, c'est surtout aux champs que cet adage doit être appliqué. Là tout le monde se modèle sur le maître. Il est donc d'une haute importance, dans son propre intérêt comme dans celui de la moralité des siens, que tous ses actes soient empreints d'une haute probité, et que, sous tous les rapports, sa conduite soit exempte de blâme. Au respect qui l'entoure chez lui, il doit réunir l'estime générale. Ce sont ces mœurs patriarcales, communes au village, disons-le, quelquefois un peu rudes, mais ainsi sans fard trompeur, qui font encore maintenant de nos campagnes le lieu où la vie peu agitée et l'existence plus libre d'entraves, se passe avec le moins d'impressions douloureuses. Aussi est-il inconcevable qu'on voye aujourd'hui, encore assez souvent, le fils du cultivateur, arrivé à l'aisance, quitter la demeure paternelle pour rechercher dans les villes de prétendus agréments qui ne compenseront pas les avantages qu'il perd. Mieux vaut cent fois vivre sur son champ tel petit qu'il soit, qu'occuper une modique place dans la cité, ou travailler à la terre, tel dur qu'en paraisse le métier au premier abord, que de venir grossir le nombre déjà trop grand des ouvriers qui encombrent les villes. Cependant, louons-en le pays, cette émigration, est moins commune dans l'arrondissement de Toul qu'ailleurs. L'habitant de nos villages est très laborieux, intelligent, sobre, religieux, quoique vivant souvent de privation ; il est attaché à sa profession et au lieu qui l'a vu naître. Comme citoyen, il désire la paix et la concorde; comme particulier il ne veut qu'élever sa famille, et parvenir à l'entretenir honnêtement du fruit de son labeur. Cette constatation est honorable pour le toulois, puisqu'il s'agit d'une population qui forme les quatre cinquièmes de l'arrondissement.

Il est important que le cultivateur et le vigneron sachent lire, écrire et calculer, jusqu'à un certain point, pour mener un train de maison. Nous péchons encore sous ce rapport. Mais depuis l'amélioration des écoles communales, la génération qui avance, aura un avantage marqué à cet égard sur sa devancière. Il en sera de même des ouvriers, domestiques, et garçons de ferme. Beaucoup trop aujourd'hui ne savent pas même lire. Ce défaut d'instruction première resserrant leur intelligence, gênant le développement de leur pensée, les contraint à demeurer dans l'abrutissement et l'indigence bien souvent toute leur vie. Leurs mœurs même s'en ressentent. Et cependant les serviteurs, ouvriers des champs, pâtres, bergers, vignerons à gage, garçons de ferme, doivent avoir une conduite exempte de reproches pour leur propre avantage, comme pour la prospérité de la maison de leurs patrons. Ils doivent répondre aux bons procédés de ces derniers par une obéissance sans murmure, par un dévouement sans servilité, et sans tarifier leur travail d'une manière sordide. Heureusement que nous pouvons dire à la louange de cette classe si intéressante de nos contrées, qu'elle remplit généralement bien ses devoirs, malgré l'influence désastreuse des fausses idées qui agitent la société. Le cœur y est bon et droit, les intentions y sont généreuses, et le sentiment, quoique d'ordinaire fort inculte, y est exempt de bassesse.

Un mot encore à l'occasion de l'homme des champs. Il est une foule de propriétaires ruraux qui cultivent de faibles parcelles; beaucoup d'entre eux ont tenté avec avantage de s'associer pour leurs travaux. Une charrue, des chevaux, des bêtes à cornes, appartenant à l'un d'eux, ouvrent les sillons de plusieurs habitants. Les frais sont ensuite convenablement partagés. La culture manouvrière est par là puissamment aidée. Ceci est à encourager, voir même à améliorer par une certaine extension. Ne serait-il pas bien aussi que, dans les vignobles, il se fît des associations analogues, mais d'un autre genre bien entendu. Ici il s'agirait principalement, pensons-nous, d'exploiter en commun les vignes de plusieurs propriétaires, d'en rentrer les récoltes, de les convertir en vin, et de conserver celui-ci dans de bonnes caves, pour le vendre en temps opportun, au lieu de le livrer à vil prix pendant la vendange, comme on le voit trop ordinairement, ce qui est une cause de ruine pour les petits vignerons.

C'est ici le cas de rappeler qu'il existe deux modes de baux sans payements en argent, dans les louages agricoles. Ils établissent encore une sorte d'association, mais entre les propriétaires et les ouvriers des campagnes. Ces modes consacrés par l'usage et même par les lois, ne serait-il pas bon de les étudier pour en corriger ce qu'ils ont de défectueux, et pour les élever au degré d'utilité qu'ils peuvent offrir à la classe manouvrière et à la petite culture ? Dans le premier, les propriétaires laissent l'usage de leurs biens moyennant une redevance en récoltes ; c'est ce qui a lieu pour les fermes et les gagnages. Ils prennent, dans le second mode, moitié, soit des fruits, comme cela se pratique souvent dans les vignobles, soit du produit des bestiaux, quand il s'agit de troupeaux. Ils fournissent souvent alors maisons, usines, outils même, échalas, etc, outre les terres, prés, vignes, animaux qu'ils afferment. Les ouvriers locataires n'ont guères à mettre de leur côté que du travail et un capital peu considérable. Les uns et les autres profitent ainsi du sol, sans que, ce qui répugne tant de nos jours, il y ait là ni maîtres ni serviteurs. On trouve trop souvent, il est vrai, dans ces baux, moins de clauses qui favorisent le preneur, qu'il n'en est d'avantageuses aux intérêts du bailleur. Aussi, comme nous l'avons dit, serait-il peut-être important, tant en faveur de l'homme des champs, que pour donner un élément de prospérité de plus à l'agriculture, de régulariser et étendre ces modes d'association. Le bail à tant par an, lui, a son bon côté et ses inconvénients. Il a encore, quoi qu'il en soit, pour premier résultat, de supprimer le patronage. Le fermier, bien que simple locataire, n'en agit pas moins comme s'il était lui-même propriétaire. Voilà ce qui distingue le travailleur campagnard, de l'ouvrier des manufactures où l'association, il faut bien l'avouer, est impossible. C'est ce qui devrait retenir dans son village celui qui se laisse prendre aux attraits trompeurs de la vie des villes.

J'ai cru devoir entrer dans ces détails qui doivent autant que la partie matérielle de l'agriculture, préoccuper un Comice. Je reprends mon sujet.

Un sol cultivable ne peut être mis en valeur, s'il n'est parcouru par des *chemins d'exploitation* bien praticables et bien situés, même si les *chemins communaux et vicinaux* ne sont pas dans un bon état d'entretien. Depuis quelques années, on remarque sous ces rapports une amélioration progressive dans le pays. Le Comice ne peut néanmoins trop engager à réparer annuellement les voies rurales, et à en créer de nouvelles là où le besoin s'en fait sentir.

L'eau, sous divers points de vue, intéresse l'agriculture. Nous ne parlerons pas de la pêche et de son produit que négligent souvent les propriétaires riverains. Nous avons trop peu de rivières et de ruisseaux poissonneux à la disposition de ces derniers, pour traiter ce sujet. D'ailleurs la pêche de la Moselle, qui est la plus fructueuse est interdite aux aboutissants. Cette rivière et ses affluents ont chez nous, ou, devons-nous dire, pourraient avoir chez nous une toute autre importance, et directement pour les biens de la terre, mais qu'on ne sait pas apprécier; c'est de servir à *l'irrigation*. Il est temps que nous songions à entrer dans une ère nouvelle, en exécutant des travaux dirigés vers ce but. Les résultats payeraient amplement la dépense. Pour les propriétés riveraines de la Moselle, il faudrait imiter les procédés de MM. Dutac qui ont réussi dans sa partie supérieure. Quant aux ruisseaux, il serait urgent de redresser les courbures des uns, de favoriser leurs pentes, d'approfondir ou curer leur lit, l'élargir ou le rétrécir selon le besoin et raffermir ses bords, pour ne point perdre inutilement des eaux qu'on répandrait de temps en temps dans les environs par des saignées. On relèverait le fond des autres ruisseaux presque depuis leur source, pour les conduire sur des points élevés d'où, par des canaux

divisés et subdivisés convenablement , même munis d'é-
cluses , ils verseraient à volonté leur contenu sur des
hauteurs. Lorsqu'il y aurait nécessité, on établirait avec ces
ruisseaux des biefs par des barrages propres à accumuler
leur liquide fécondant. En même temps , ce serait le
cas de remédier aux érosions du bord des cours d'eau ,
par des digues ou des plantations, et, par des remblais,
de détruire les flaques formées dans leur voisinage, mor-
tes , marécages , vases qui enlèvent du sol à la culture et
vicient l'air. On s'occuperait aussi d'éloigner les routoirs
des villages ; on supprimerait dans ceux-ci les cloaques
infects , etc.

L'eau est d'un usage trop multiplié et trop important
pour que nous ne la considérions pas sous d'autres
rapports liés plus ou moins près à la prospérité agricole. Ainsi elle doit être potable pour le cultivateur et ses
animaux. Heureusement nous n'avons pas trop à nous
plaindre de sa qualité. Quelquefois sa quantité fait défaut
pendant les sécheresses. Les citernes sont alors insuffi-
santes, les puits à sec, les fontaines taries. Il y a là indication soit de creuser de meilleurs puits , voir même de
tenter d'en forer d'autres , sinon pour avoir de l'eau jail-
lissante , au moins pour amener de ce liquide au fond de
nos propres puits , soit de s'occuper de mieux alimenter
les fontaines par la recherche de nouvelles sources. Certaines eaux peuvent être crues, lourdes, fort calcaires,
indigestes , cuisant mal les légumes et peu propres au
savonnage. En les aérant on en corrige très bien les
défauts, et elles deviennent potables. Elles finissent par
fondre le savon, quand on les réunit dans des auges pour
les additionner de 12 grammes de chaux éteinte par hectolitre , ou de quelques litres de bonne lessive.

Rien n'est indifférent à la campagne dans ce que recèle

la terre. Ainsi chaque village doit ouvrir des *carrières de pierre de tailles ou de moëllons* à son usage, pour peu qu'il existe des calcaires sur son territoire. Ce n'est pas seulement dans la bâtisse qu'il faut de la pierre ; elle est nécessaire pour garnir les aqueducs qu'on établit sous le sol arable compact et noyé par les pluies ou les sources, pour soutenir les terres relevées ou en pente, et pour ferrer les chemins. Il en faut afin d'obtenir de la chaux, tant pour les constructions que pour en répandre dans les champs. Le *sable* et le *gravier* dont nous ne manquons pas, non-seulement entrent dans la composition du mortier, mais aussi sont bien placés quand on en mélange aux sols argileux trop tenaces. Certaines terres fort communes, et que nous avons indiquées, peuvent être utilisées comme *marnes*, d'autres sont propres à la fabrication de la brique et des tuiles. On peut aussi exploiter quelques *tourbières* superficielles que nous possédons, moins pour avoir du combustible que de l'engrais. Il est des villages qui se sont créés des ressources en ces différents genres ; mais un grand nombre restent encore mal à propos tributaires de leurs voisins, tandis qu'ils ont dans leur finage des substances qu'il leur faut acheter au loin.

Les communes rurales et viticoles de notre arrondissement ont aussi devant elles d'autres améliorations à effectuer, faciles cependant à accomplir si elles le veulent, et qu'on regarde malheureusement à la campagne comme d'une minime importance. Il s'agit du nivellement des *rues*, de leur empierrement, du libre écoulement des eaux pluviales et ménagères qui y séjournent, de la disparition des marécages, boues, fumiers qui les obstruent.... On n'y tient pas aux *alignements*. Aussi que de difficultés pour rentrer les récoltes par des rues étranglées, ou offrant des tournants mal conformés ; il faut passer devant des maisons avançant démesurément ; pour de là se rendre dans les granges de maisons très reculées....

2° *Sol inculte cultivable.* Nous avons encore 1,700 hectares de *terres vaines et vagues*, composées de champs abandonnés aux broussailles et aux pierres roulantes, qu'on pourrait cependant mettre en rapport. Notons parmi elles la partie la plus élevée de la pente des coteaux, comme on le voit dans les vignobles par exemple. Au lieu de servir de lieux de dépôt aux pierrailles, ne devrait-on pas boiser cette partie abandonnée et répandre les pierrailles sur les chemins. Les sommets et les plateaux des mêmes coteaux, sont souvent aussi à l'état de *landes.* Des pentes abruptes ou douces entières, des terrains même bas, mais fournis de peu de terre, et où la pierre domine par conséquent, appartiennent encore à cette catégorie, et pourraient être utilisés, partie par l'épierrement qui les laisserait propres à la charrue, partie par un défoncement qui les rendrait bons pour la sylviculture. Comptons que le Comice s'occupera de ces divers défrichements.

Les *pâturages communaux* appelés également *pâtis,* couvrent 2,000 hectares. Il y en a de deux genres. Les uns placés dans des lieux élevés, et souvent assez loin des villages, ressemblent beaucoup aux broussailles. On pourrait cependant les cultiver aisément et sans travail préliminaire. Pour les autres, situés sur des pentes douces ou dans des fonds, ils ne sont que des prés de mauvaise qualité qu'on devrait soit convertir en bonnes prairies naturelles soit ensemencer en céréales, etc. Les pâturages laissés ainsi en dehors de la culture, demeurent alors improductifs, et sont habituellement parcourus par des troupeaux qui y cherchent en vain de la nourriture. Il serait temps que les communes s'occupassent de cette non valeur. C'est faute d'un propriétaire soucieux de produits, que tant de terrains restent à l'abandon. Il faut les vendre ou les louer aux habitants, en en réservant une portion enclose et ombragée d'arbres, à la portée de chaque village, pour y faire prendre l'air aux bestiaux, y établir les dépôts d'engrais, d'amendements etc, qui encombrent les rues.

Nous possédons quelques *étangs* dans l'arrondissement. Les principaux se voyent dans la forêt la Reine. Ceux-ci sont assez étendus. Mais l'administration de ce genre de propriété doit à peine nous préoccuper ; elle intéresse à peine les communes et très peu les populations. Nous n'en parlerons donc que pour mémoire. Ils s'offrent à nous comme le passage des terrains dépourvus de culture, à ceux qui sont cultivés, car de temps en temps on les met à sec pour les ensemencer. On est en usage de les laisser environ trois ans en eau, et de faire suivre la pêche de terrages cultivés. Pour que les récoltes y réussissent, on creuse à leur fond des fossés dirigés vers les bondes. Le sol ainsi mis à sec est très riche, ayant été fertilisé par les dépôts des terres supérieures qu'il a reçus, et par les détritus soit de végétaux soit d'animaux nés et péris sous les eaux. Les frais de culture sont peu considérables, cela se conçoit, et le produit est abondant. On obtient ainsi de belles avoines, de bonnes orges ou des seigles, des blés, même des pommes-de-terre, du chanvre,.... On remet enfin en eau, et l'on empoissonne avec de l'alvin qu'on a conservé dans un coin réservé à cet effet ou qu'on tire d'un autre étang.

3° *Sol cultivé, mais non ensemencé.* Notre jachère morte s'élevait autrefois à plus de 18,000 hectares. Elle est aujourd'hui restreinte à 12,000. Il y a lieu d'espérer qu'elle décroîtra encore par la suite dans une plus forte proportion. Cette prévision est fondée sur des faits que nous examinerons plus loin. Aussi remettons-nous à un autre paragraphe tout ce qui lui est relatif; ce sol ne restant improductif que par une circonstance particulière due à l'état actuel de notre agriculture.

Nous avons vu que le 6ᵉ de l'arrondissement reste encore aujourd'hui sans rapport. En même temps nous avons indiqué les parties qui pourraient devenir productives, et comment on devrait les donner à la culture. Le bon sens des agriculteurs poussé par les besoins de la population, le Comice aidant, agira dans ce but, et nous diminuerons, un jour, au moins des trois-quarts, les 16,000 hectares que nous reconnaissons propres à utiliser. Ce sera en rendre à l'art agricole plus de 12,000 maintenant perdus pour lui, ce qui fait le 9ᵉ de l'arrondissement.

§ II. — *Sol cultivé en céréales, farineux, fourrages et plantes industrielles, ou domaine arable proprement dit; examen de ses récoltes; remarques relatives à ce sol et aux améliorations qu'on peut apporter à sa production.*

La culture des céréales est chez nous l'objet le plus constant du travail de nos campagnes, aussi occupe-t-elle presque la moitié de la surface du pays, ou 48,000 hectares sur 112,913. On n'y consacre aux farineux que 430 hectares; ils sont ainsi fort négligés. Nos fourrages ne se trouvent pas en rapport avec le développement qu'a acquis la production en céréales, puisque nous ne leur laissons que 12,000 hectares, tandis que ces dernières recouvrent quatre fois plus de terrain. Nous ne donnons enfin que 1,000 hectares aux récoltes industrielles, ce qui est infiniment peu.

Nos céréales se composent de beaucoup de blé (17, 500 hectares) et d'avoine (14,500 hectares), d'un peu d'orge (3, 500 hectares), et de quelques parties de seigle (500 hectares). D'autres grains de cet ordre ne sont cultivés qu'exceptionnellement, et en quantité si minime qu'on ne saurait l'apprécier.

Le *blé* couvre près du tiers des terres livrées aux céréales, aussi rend-t-il annuellement un produit élevé, malgré les défauts inhérents à notre culture, que nous releverons plus loin, et représente-t-il une valeur considérable. Il suffit, et bien au-delà, à la consommation des 65,493 habitants de l'arrondissement. On évalue au quart de la récolte, ou à 44,000 hectolitres, celui qui est exporté, ce qui a lieu surtout sur les marchés des Vosges ; quantité qu'on estime 704,000 francs. Par contre, une partie de la semence (dont la totalité est de 55,000 hectolitres), est achetée ou échangée au dehors pour ne pas abatardir à la longue notre production. Le froment que nous semons principalement, appartient à la variété dite *blé rouge* à balles rougeâtres ou blanchâtres. On emploie surtout celui d'hiver, rarement le blé de printemps qui, du reste, ne réussit guères avec nos étés secs, que quand il est mis en terre de bonne heure et dans un sol riche.

L'avoine est cultivée dans la proportion d'un sixième en moins que le blé. On ensemence celle de printemps du pays, et quelque peu d'avoine de Brie qui est plus lourde, mais sujette à crouler. L'avoine d'hiver a été abandonnée, parce qu'elle gèle habituellement chez nous. On fait rarement de l'orgis. Quelquefois on fait venir avec l'avoine des féveroles qu'on en sépare ensuite avec le crible. Le grain de cette céréale ne sert dans l'arrondissement que d'aliment aux animaux, surtout aux chevaux. Le tiers en est exporté, c'est-à-dire 62,833 hectolitres, représentant une valeur de 345,582 francs; restent 125,667 hectolitres pour la consommation locale.

L'orge bien moins répandu que l'avoine, ne fait que le quart des marsages. Cependant il vient très bien, et est d'un bon revenu. On dit à tort que nos terrains ne lui conviennent pas. C'est particulièrement l'orge de printemps ou le grand orge qu'on sème. Celui d'hiver ou scourgeon réussit néanmoins avec facilité, et donne de beaux produits, ainsi que l'orge à éventail et l'orge céleste. On en a à peine l'usage. On se sert de l'orge pour le mêler au froment dans la confection du pain, chez le cultivateur économe. Une partie est donnée en nourriture aux animaux domestiques. Les brasseries en emploient aussi une certaine quantité. On en exporte à peine. La semence réservée s'élève à 7, 700 hectolitres.

Le *seigle* d'automne est le plus cultivé. On emploie rarement celui de mars. Il est semé moins pour son grain, que pour sa paille. Cependant réuni au blé, il fait de bon pain, et donné en entier aux bestiaux il leur procure une nourriture saine. Il serait bien placé dans les nombreuses parties médiocres et légères des Côtes et de la Haye où on le dédaigne pour un blé qui vient mal. Nous faisons rarement du méteil. On consomme le seigle en entier dans le pays, excepté 1,500 hectolitres conservés pour sa reproduction. On a essayé avec succès le seigle de la St-Jean. Ayant l'avantage de pouvoir être fauché avant l'hiver, il donne néanmoins l'an suivant une récolte aussi abondante que le seigle ordinaire. Cette culture a été abandonnée sans raison.

Le *millet* et le *maïs* se voyent si rarement dans nos terres, qu'ils sont à peu près une récolte d'horticulture quand
on en sème. Cependant leur produit obtenu en grand,
ne serait pas sans importance. La graine de maïs dont
l'homme peut faire usage, est surtout précieuse pour
les porcs et certaines volailles; sa tige est en outre un
bon fourrage. Puis cette plante revient plusieurs fois
dans les terrains légers, bien exposés, moyennant de
l'engrais. Le millet donne aussi une graine nourrissante
pour l'homme et pour certains animaux. Malheureusement il craint encore plus le froid que le maïs. C'est pro-
bablement ce qui fait éviter leur culture.

Nos *légumes secs* sont fournis par des plantes qu'on
place dans la jachère ou les marsages, et surtout en dehors de l'assolement dans des terres cultivées à la manière des jardins, ou dans les vignes et dans les pommes-
de-terre. On sème les pois jaunes et verts, les lentilles
communes ou d'été, la fève de marais, la fève de
printemps, les haricots etc, ceux des légumes enfin
qui servent surtout de nourriture à l'homme. On en
exporte environ moitié ou 2,400 hectolitres, malgré
l'exiguité de la culture, ce qui ne donne pas cependant
un produit d'une valeur élevée. On sème aussi des vesces, de féveroles et quelques autres légumes de ce genre
pour les animaux, mais en faible quantité.

Le *sarrazin* récolté 'chez nous à peu près pour les
seuls animaux, pourrait aussi bien y être également à
l'usage de l'homme, mais moins à l'état de farine qu'à
celui de gruau et de semoule. On ne peut le panifier
dans la rigoureuse acception de ce mot. Nous en semons
peu, trop peu même. Il rendrait cependant de grands
services. D'abord il vient facilement dans les terres maigres et calcaires, réfractaires à beaucoup de récoltes; puis

sa production les mettrait en valeur ; d'ailleurs il pousse vite, et même en récolte dérobée. La consommation en serait faite à peu près dans la maison de culture, soit fauché en vert, soit comme engrais en le rompant, soit en recueillant son grain que les porcs, la volaille, les bœufs et même les chevaux aiment beaucoup et que l'homme employerait aussi, soit enfin en utilisant sa paille.

Les *pailles* proprement dites sont, en première ligne, celle de blé, si commune dans notre arrondissement, et qui y est en usage comme nourriture et comme litière des bestiaux ; ensuite celle de seigle plus chère, mais peu abondante, qui sert à faire des liens pour les moissons et pour les vignes, outre ce que l'industrie en tire ; enfin la paille d'orge utilisée comme celle du blé. Nos légumes secs, le sarrazin, l'avoine, les oléagineux, en fournissent de moins prisées qui donnent cependant de la nourriture à beaucoup de nos animaux et qui leur font de la litière, en même temps qu'elles contribuent à former un bon fumier. Presque toutes nos pailles sont consommées en entier chez les cultivateurs. On en vend néanmoins aux propriétaires de chevaux qui ne récoltent pas, et à la garnison de Toul. L'exportation doit en être minime, si même elle a lieu quelquefois.

Les *fourrages naturels* sont de deux genres dans l'arrondissement. Ceux de *rivières*, récoltés sur la Moselle, et ceux de *ruisseaux* qui croissent sur les bords des petits cours d'eau, ou dans des terrains humectés par des sources. Les premiers donnent une herbe plus fine, plus convenable à la nourriture des chevaux, mais aussi moins abondante que celle des seconds, qui, plus grosse, est plutôt mangée par les bêtes à cornes et les moutons que par les chevaux. Si les prairies de Moselle donnent en moyenne 25 quintaux de foin par hectare, les autres en rapportent le double. La première coupe est fanée et rentrée ; quant à la seconde, elle est paturée, à moins d'enclos ou de fossés, si elle n'est pas réservée à la coupe par arrêté municipal.

Le sol de nos prairies est d'assez bonne qualité ; il est bien peuplé de légumineuses et de graminées vivaces. Dans les années sèches, comme il est fort sableux sur la Moselle, le foin en est maigre et court, tandis que lorsqu'il a été trop noyé par les pluies ou les débordements, ce produit conserve de la vase et un goût nuisible. Beaucoup de ces prairies sont mal soignées. On néglige de les niveler, d'en étendre les taupinières, de les herser, de les plâtrer, d'en détruire les mauvaises herbes, de les assainir et de les irriguer. On les fume rarement, comptant sur le parcours des troupeaux qui y font plus de dégâts que de bien. On ne les réensemence pas. C'est un bien qu'on aime à posséder parce que, dit-on, il s'entretient de lui-même. Il n'en est cependant pas ainsi. L'expérience prouve que, quoique *naturel*, le fourrage de nos prairies a besoin de *culture*.

Ce fourrage suffit à peine sur beaucoup de points, et ne suffit nullement sur d'autres à la consommation. Nous en empruntons souvent à la Meuse et aux Vosges. Heureusement que d'autres fourrages nous viennent en aide. Nous allons les passer en revue.

Les *fourrages artificiels* peu répandus d'abord prennent faveur d'année en année, depuis qu'on convertit une partie de la jachère en prairies temporaires. C'est le trèfle surtout qui domine chez nous, et avec raison, car nos courts assolements rapprochant beaucoup trop la culture des blés, empêchent l'établissement du sainfoin, de la luzerne et d'autres fourrages dans l'une des saisons. Ceux-ci se placent alors d'ordinaire dans des pièces à part, mais sur trop peu de terrain. Puis en outre nous semons à peine de la lupuline, des trèfles blanc et incarnat, point de spergule, rarement de la chicorée etc. Cependant on pourrait outre le trèfle que nous cultivons déjà avec quelque extension dans l'assolement, tenir aisément de belles prairies artificielles en dehors de cet assolement. Ainsi on ferait utilement venir beaucoup de bon sainfoin dans les plus petites terres graveleuses, calcaires, en l'unissant à la lupuline décapsulée. On épierre et on plâtre l'année suivante. Alors on a à faucher pendant 4 ou 5 ans. La terre fort améliorée peut donner ensuite une ou deux avoines, puis après une jachère légèrement fumée, un beau blé. Pour la luzerne, si l'on dispose d'un coin de terre profonde, bonne, bien exposée, peu humide, il faut l'ensemencer de cette légumineuse. De temps en temps on fume. Chaque printemps on plâtre. On récolte 6 à 7 ans. On renverse enfin pour ensemencer en avoine. On recourt aussi avec avantage aux dravières d'automne semées en septembre, pour avoir en juin suivant, des ressources quand le fourrage est épuisé. Les vesces de printemps confiées à la terre dès juin, de 15 en 15 jours, donnent de même un excellent fourrage vert ou sec. Les pois de toutes sortes, les féveroles, les lentilles, le sarrazin, fournissent non-seulement des produits de ménage, mais encore d'excellents fourrages de ce genre. Ces diverses prairies une fois ensemencées durent plusieurs années. Le trèfle blanc, la lupuline ou minette dorée, la spergule, la chicorée sauvage, le ray-gras anglais qui viennent partout ; le fromental, la laitue, les choux, le ray-gras d'Italie, qui demandent de bons terrains, peuvent occuper également des pièces en dehors de la sole, et fournir un abondant fourrage. Le cultivateur sûr d'une bonne récolte de cette nature, reporte alors fructueusement ses soins et ses engrais sur les terres qui lui restent en culture, et qui sont assujetties à la rotation.

Rien n'est plus variable dans l'arrondissement, que l'étendue des terrains mis annuellement en prairies artificielles. Tantôt on en consacre peu, tantôt on en destine assez à cette production ; aussi chez nous, les fourrages n'ont rien de fixe pour la quantité, la qualité, l'espèce, et le prix présumables durant une certaine période de temps. Il résulte de l'inégalité de cette récolte et de sa valeur vénale fort mobile, qu'une telle situation devient nuisible à ceux qui tiennent à élever et engraisser. De là une cause fréquente de gêne dans cette utile industrie, de ruine même quelquefois. Aussi est-elle peu prospère dans le pays.

Les *fourrages racines* qui sont tous des *récoltes sarclées*, ayant ainsi l'avantage de pouvoir être mis entre deux grains pour nettoyer, ameublir le sol, et alors de remplacer la jachère, se trouvent des plus négligés, dans le pays, à l'exception de la pomme-de-terre. Les frais de culture, le manque d'engrais, le mode d'assolement, ainsi que le peu de disposition à se livrer à l'élève et à l'engraissement, sont les motifs de cette défaveur.

La *pomme-de-terre* à la fois aliment de l'homme et des animaux, forme ainsi un excellent fourrage racine, comme elle est encore la base d'une foule de mets très nourrissants soit pour le riche soit pour le pauvre. Sous ce double rapport, sa récolte est capitale. Chez nous elle s'élève aujourd'hui à 3,000 hectares donnant 270,000 hectolitres de produit net, et, en plus, 54,000 autres hectolitres pour la semence. Partie se met dans la jachère, partie est plantée dans des terres particulières. On l'obtient principalement par les procédés de la petite culture; c'est donc à bras qu'on la fait venir. On y intercale souvent des féveroles, des pois, des haricots, etc. Il serait à désirer qu'on lui consacrât encore plus de sol; ce qui se pourrait aisément puisqu'elle a l'avantage de réussir après toute autre récolte et aussi après elle-même. Nous avons surtout la magdeleine ou grisette, la rouge d'hiver, la baudouine, la jaune hâtive, la grosse longue, la pratraque ou grosse jaune et la bicolore: c'est la grosse jaune qui est la plus commune, et qui sert habituellement à la nourriture du bétail. Nous ne parlerons pas des variétés cultivées dans les jardins. Le tiers de nos pommes-de-terre ou 90,000 hectolitres, sont exportés. Environ 80,000 hectolitres fournissent de la nourriture à l'homme, et 100,000 hectolitres restent à l'usage des animaux. Une bien minime partie du tout est prise pour l'industrie féculière, sucrière et alcoolique, qui d'ailleurs n'est pas répandue chez nous.

La *betterave* si précieuse comme racine fourragère, n'occupe que peu de nos terres. On pourrait cependant l'obtenir plusieurs fois dans les mêmes champs moyennant de l'engrais; nos bêtes à laine surtout en feraient leur profit; mais les frais de culture la font négliger. C'est la disette qu'on voit çà et là. Pour la betterave de Silésie que consomment les sucreries, elle n'est pas récoltée, du moins d'une manière notable.

La *carotte* est peu cultivée également, sans doute principalement parce qu'elle demande des sarclages onéreux. Mais elle peut revenir plusieurs fois dans le même terrain, ce qui est avantageux; puis elle est consommée par l'homme aussi bien que par les animaux. C'est la carotte rouge qu'on récolte préférablement.

Les *navets, panais, rutabagas*, et surtout le *topinam-bour*, se trouvent peu répandus. Ce sont cependant d'excellents fourrages racines, et à la fois des plantes à l'usage de l'homme. Mais, comme il a été dit, on n'élève ni n'engraisse guères dans le pays; puis la culture maraichère approvisionne nos marchés de navets, carottes etc, pour nos tables.

Nos *plantes industrielles* consistent en navettes, colza etc, semés pour leur huile ; en chanvre et lin, qui sont à la fois oléagineux et textiles ; et en houblon qui donne un produit à épice. Ces cultures, sans doute parce qu'elles sont épuisantes, ne sont pas très répandues dans l'arrondissement. Cependant celles des oléagineux et du chanvre se sont sensiblement accrues depuis qu'on commence à les introduire dans l'assolement.

La *navette* qu'on s'était mis à cultiver, surtout celle d'hiver, a été peu à peu presqu'abandonnée, excepté sur certain sols calcaires.

Le *colza* a pour ainsi dire remplacé la navette. C'est qu'il est le végétal industriel le moins ruineux. Il donne, outre une huile qui se vend bien, des tourtaux excellents, et une bonne paille pour la litière et pour le fumier. D'ailleurs il vient après toutes les récoltes, il favorise les plantes qui le suivent, et il se peut cultiver après lui-même. On le met d'ordinaire dans la jachère, où il fait une préparation favorable au blé. C'est cependant une récolte casuelle chez nous, surtout dans les terrains humides. L'altise et la gelée lui nuisent. Ses gousses font une barcelle qu'on ne doit pas dédaigner.

Le *pavot*, dont l'huile dite d'œillette est si estimée, se sème surtout dans le canton de Colombey. C'est principalement près des habitations et comme une sorte de culture jardinière. Sa paille sert à chauffer les fours ; les pharmaciens achètent les têtes ; pour la graine , elle est utilisée par les huiliers et par les pâtissiers. On peut mettre le pavot dans la jachère ou dans la saison des avoines ; sa culture est compatible avec celle de la carotte. Il y en a deux variétés. L'une, à tête ouverte , se cueille à la main ; l'autre, qu'il est facile de faucher parce que sa tête est fermée, se coupe à la faucille.

La *moutarde blanche* ou graine à beurre a pris quelque faveur ; on la sème quelquefois avec la *cameline* ; celle-ci se place néanmoins souvent à part. C'est dans la jachère qu'on les met principalement.

Le *chanvre* a depuis un temps immémorial élu domicile dans les terres de première qualité , qu'on lui a habituellement consacrées. Cependant on commence à l'introduire dans l'assolement , ou au moins on tente de cultiver par intercallation d'autres végétaux dans les chenevières. C'est un bien , car le chanvre revenant sans cesse sur lui–même , outre le sol très riche qu'il exige , demande une fumûre coûteuse , plusieurs labours , même quelquefois une préparation à la main. Il devient alors ruineux. Dans l'assolement, au chanvre peut succéder une belle navette d'hiver , puis un bon blé ou une orge abondante ; après ces plantes viendrait une autre céréale, ensuite du fourrage , le tout sans nouvelle fumûre.

Le *lin* est à peine cultivé. Il est, pour l'arrondissement, une récolte exceptionnelle , dont nous ne parlerons par conséquent pas.

Nos plantes textiles donnent une filasse qui est presque toute mise en œuvre dans le pays pour sa consommation. Quant aux huiles, celle de chenevis fournie par le chanvre, alimente surtout les lampes des habitants des campagnes ; celles que donnent le pavot, le colza ,la cameline, la navette et la moutarde sont en très grande partie exportées.

Le *houblon* a pris faveur à Toul et dans les environs de cette ville. Ses cônes y sont devenus , malgré la cherté de la culture , et le haut prix des terres qui y sont propres , un objet d'un bon revenu. On le tient en dehors de l'assolement dans des pièces à part de qualité supérieure. Il exige du travail et des fumûres. On le soutient par des perches ; peut-être devrait-on , dans l'intérêt de l'abondance et de la valeur de la récolte , le conduire sur des fils de fer horizontaux. Il est de seconde ligne sur les marchés. On a étendu cette culture au-delà des besoins , à ce qu'il paraît , car quelques propriétaires commencent à détruire leurs houblonnières , pour en donner le terrain à d'autres plantes.

§ III. — *Sol cultivé en vignes , jardins , vergers et bois, ou terrain accessoire au domaine agricole ; examen de ses récoltes ; observations sur ce sol et sur les améliorations que réclame sa production.*

L'agriculture, dans le sens habituellement restreint de ce mot , borne ses travaux à ceux des *champs* qu'elle ensemence en céréales, fourrages, légumes secs et plantes industrielles. Son rôle est ainsi circonscrit , chez nous du moins. La *viticulture,* l'*horticulture* et la *sylviculture,* sont des branches qu'on en détache , pour être mises à part, et ceux qui s'en occupent ne sont pas considérés comme *agriculteurs :* on distingue alors de ces derniers, les *vignerons,* les *jardiniers* et les *forestiers.* Cependant des rapports intimes unissent toutes les parties du sol cultivé , de même qu'un lien général rattache les uns aux autres les hommes qui lui consacrent leurs

soins, quelque soit son produit. Il est donc impossible,
à l'époque actuelle, de séparer les diverses branches de
l'art agricole, et un Comice doit les encourager toutes
au même titre.

La *vigne* est une culture qui, dans l'arrondissement,
est de la plus grande importance. Il est peu de points du
territoire où l'on n'en rencontre. Aussi occupe-t-elle
une grande partie de la population aux soins qu'elle né-
cessite. Le toulois a conquis une juste réputation par
cette culture. C'est qu'en effet la viticulture et l'œnologie
offrent dans nos contrées un état très prospère. Depuis
trente ans surtout, elles se sont singulièrement perfectionnées. C'est à des soins multipliés autant qu'au ter-
roir, que nos vignobles doivent leur renommée. Le climat ne les favorise guères ; cependant ils donnent beaucoup, et nos vins, quoique d'une qualité de second ordre,
sont très recherchés. Malheureusement cette qualité s'est
affaiblie à mesure qu'on a diminué la culture des raisins
fins et peu juteux ; mais aussi on a par là augmenté
considérablement la quantité. C'est surtout sur la Champagne, les Vosges, l'Alsace et même la Meuse que nous
écoulons nos produits viticoles.

Parmi les vins estimés des vignobles de l'arrondissement, on distingue particulièrement ceux de Toul et de
Thiaucourt. Les premiers plus durs, plus fermes, plus
colorés, plus abondants, et plus susceptibles de mélange
avec des vins faibles qu'il faut relever, se conservent
aussi plus longtemps que les seconds qui sont plus
agréables et plus fins, mais plus chers et plus délicats.
Il en résulte que les uns sont recherchés par toutes les
classes, tandis que les autres n'entrent guères dans la
consommation que comme un objet de luxe. Ceux-ci se
vendent moins facilement que ceux-là, on le conçoit ;

cependant ils finissent par s'écouler tous avantageusement.

Les vignes de Toul et celles des lieux circonvoisins qui partagent leur réputation et la vogue de leurs produits, occupent presque toutes les pentes de la contrée des Côtes. A Thiaucourt et dans ses environs, elles sont plantées sur une petite portion de la Voëvre et sur la Haye. Les sols argilo-calcaires souvent sableux de ces lieux, leur bonne exposition, et les qualités physiques de leur terre, conviennent très bien à une telle culture.

Le cadastre a relevé autrefois 5,431 hectares, 25 ares, 27 cent., de vignes dans l'arrondissement. Depuis, beaucoup de celles des parties hautes des côteaux ont été abandonnées, mais aussi on en a planté un grand nombre au pied de ces côteaux et sur des terrains qui jamais n'en avaient reçu. Maintenant on peut évaluer la contenance du sol viticole à 6,000 hectares.

Les vignes des côtes de Toul, étendues de Boucq à Mont-l'Étroit, et celles de quelques villages voisins de cette ville placés en dehors des Côtes, mais dont les produits jouissent de la même estime, occupent une superficie de près de 4,000 hectares répartis dans 19 communes. C'est de là que vient le *vin dit de Toul* ou *du Toulois*. Pour les vignes de Thiaucourt et des huit communes environnantes, dont on connait le vin sous le nom de *vin de Thiaucourt* ou *du Rupt-de-Mas*, elles ne s'élèvent qu'à 800 hectares. Celles de la basse Moselle, ou de Liverdun, Arnaville, Bayonville, Vandelainville, ne présentent que 400 hectares. Leur produit dit *vin de la Moselle* est assez bon. Les 800 hectares de vignes restants, pour compléter les 6,000 que nous possédons, sont dispersés par petites fractions dans les diverses autres communes de l'arrondissement, qui toutes, à l'exception de 9, font ainsi plus ou moins de vin pour le commerce ou pour leur seule consommation.

Non seulement tous ces produits ont , dans leurs trois grandes divisions, des caractères généraux qui les font reconnaître, mais aussi on leur trouve, selon les communes , des qualités locales ou de terroirs qu'on ne pourrait assigner , mais que le goût sait distinguer.

Il y a dans les deux cantons de Toul , 37 communes vignobles qui présentent près de **4,000** hectares de vignes; le canton de Colombey a **22** communes dont les vignes forment **507** hectares ; celui de Domèvre possède **503** hectares en vignes répartis dans **27** communes, et le canton de Thiaucourt en offre **992** hectares dans **23** de ses communes.

La quantité du vin récolté , dans l'arrondissement , peut être portée en moyenne à **360,000** hectolitres; **180,000** hectolitres paraissent être consommés par les habitants. Il en resterait ainsi **180,000** pour l'exportation. Le commerce extérieur en enleverait donc à l'égal d'une valeur de **1,800,000** fr. et l'intérieur du pays en garderait à son usage pour pareille somme. On fait **4,500** hectolitres d'eau-de-vie, avec le marc du raisin : elle vaut **223,000** fr. Une partie sort de l'arrondissement sans qu'on puisse en établir le chiffre. La quantité de nos vins et de notre eau-de-vie , considérée en moyenne par hectare , est montée à **60** hectolitres pour les premiers et à **75** litres pour les secondes, depuis que la culture de la vigne dite de grosse race a pris une extension considérable. En effet on ne trouve plus guères celle dite de petite race, qui rapporte peu , que dans les vignobles du Rupt-de-Mas ; aussi la supériorité de leurs vins tient-elle en grande partie à la qualité du raisin. Ce n'est donc , outre la *grosse race* qui domine, que comme par exception qu'on remarque dans le pays le *pineau noir*, *blanc et gris* (*petite race*). Notre grosse race est surtout le *gamé* dit *Verdunois*. Nous avons encore l'*éricée noire* ou *Liverdun*, et l'*Éricée blanc*. On voit aussi du *gros blanc* dit *Foucaut*, variété médiocre.

Jusqu'à quel point l'extension croissante de nos vignes est-elle favorable ou défavorable aux intérêts de fortune et de moralité du pays ? Jusqu'à quel point l'agriculture proprement dite en souffre-t-elle, par les terres de bonne qualité que les vignobles lui enlèvent? Ces questions sont chacune résolues diversement. Le bien-être des cultivateurs et des vignerons y est trop intimement lié, pour qu'elles ne soient pas un jour convenablement tranchées. Il est certain que les vignes qui occupent chez nous un sol étendu, malgré des droits considérables sur les vins, sont en ce moment d'un meilleur rapport, surtout pour les particuliers qui peuvent ne vendre leurs récoltes que quand le prix en est élevé, que les champs consacrés aux céréales et aux autres végétaux qui entrent dans la combinaison de la production de celles-ci. Mais, pour détruire cette inégalité, que les cultivateurs perfectionnent notre agriculture ; il y aura ainsi pour eux possibilité de surpasser les vignerons dans les profits à réaliser. Alors les bonnes terres qu'on leur enlève journellement, leur seront bientôt rendues, et la vigne restera confinée sur les pentes impropres à toute autre culture. C'est ce que pour notre part nous désirons.

Nous ne ferons qu'indiquer l'*horticulture* sans nous étendre à son sujet. Nous pensons qu'on peut, sans nuire à l'avenir de la population, l'abandonner à l'émulation des horticulteurs, qui s'y trouve très naturellement intéressée au progrès. Il n'y a pas, dans l'arrondissement, pour les jardins de rapport et pour les vergers fruitiers (car nous n'entendons nullement considérer ici les jardins d'agrément et les parcs) de causes de retard difficiles à détruire, comme dans l'agriculture proprement dite, ni de questions graves de droits à résoudre comme dans la viticulture.

Nous avons deux sortes de *jardins* et de *vergers*. Ceux qui sont bien soignés, et mis en exploitation raisonnée. Ils sont d'un revenu satisfaisant. Quant aux propriétés d'une foule de personnes peu soucieuses de ce genre de culture, elles sont encore bien négligées. Aussi en moyenne les jardins pris en masse, ne rapportent-ils que 500 fr., par hectare annuellement; ils exigent cependant beaucoup d'engrais et de main-d'œuvre.... Et les vergers ne donnent que 200 fr., tant il en est encore qu'on cultive mal...... Mais comme il vient d'être dit, il n'y a pas là une question d'avenir pour le pays; peu à peu, et comme de soi-même, sans que le Comice s'en occupe, l'horticulture se formera chez nous. A Toul, les jardiniers cultivent avec intelligence dans de bons jardins maraîchers, les racines, les fruits et les herbes alimentaires de nos tables; ils réalisent de bons profits. Nos vergers de la ville et beaucoup de ceux de nos campagnes, donnent en abondance des pommes, des poires, noix, cerises, prunes, etc. fruits qui, vendus frais et quelques-uns d'entre eux secs, forment une branche de commerce assez lucrative, dont on peut favoriser l'extension en excitant à multiplier les greffes des bonnes variétés.

L'arrondissement a 37,600 hectares de *forêts*. L'état en possède sur cette quantité 5,400, les communes 24,600, et les particuliers 7,600. Toutes ces forêts sont belles, bien boisées, bien entretenues, surtout celles de l'état et des communes dont l'aménagement et la con-

servation appartiennent à une administration habile et
vigilante qui s'acquitte très bien de ses devoirs. Aussi
nous abstiendrons-nous d'examiner notre sylviculture.
Il serait à désirer que les particuliers se missent, pour
leurs propriétés forestières, exactement au régime d'exploitation pratiqué par cette administration. Ils commencent
du reste à en suivre les bons enseignements.

Beaucoup de nos forêts se trouvent établies sur des
sols pauvres ou entièrement calcaires, comme celles des
Côtes et de la Haye. Les terrains riches et argileux de
la Voëvre et de l'Est ou du Sud, sont les moins boisés.
Il importe de *conserver* à la sylviculture les sols calcaires, et
d'y consacrer les sols analogues accessibles seulement à
ses produits, tandis qu'il faut permettre, mais avec mesure, et après mûr examen de l'utilité, le *défrichement* de
certains bois assis sur des terres réclamées par une autre
culture. Cependant que jamais il ne soit permis d'abattre,
sans avoir auparavant *boisé* une semblable superficie, en
d'autres termes qu'on ne détruise point de forêts pour
en utiliser mieux le sol, sans avoir fait réussir autant de
bois propres à les remplacer, venus de *semis* ou de *plants*,
et alors bien pris sur des points qui seraient improductifs pour d'autres récoltes. De là ressort la nécessité de s'occuper de semis, de boisement, de plantation,
surtout pour remédier à l'abus que l'on a fait des défrichements sans compensation.

Le bord des chemins, comme on le pratique pour
les routes proprement dites, réclame d'être *planté*. Il y
aurait d'abord profit à en tirer, puis les arbres y servi-
raient d'indicateurs la nuit ou pendant les temps de neiges,
et y formeraient en outre des abris dans les cantons dé-
couverts, contre la pluie ou la chaleur. Ils maintien-
draient la fraîcheur du sol, et n'y entretiendraient pas

d'humidité nuisible à la solidité des voies de communication, comme le craignent quelques personnes.

Il est des *plantations* fort utiles et même assez productives, car elles desservent diverses industries du pays. Ce sont principalement celles du peuplier, de l'osier, du saule. On en rencontre çà et là. Cependant on pourrait les multiplier encore sans nuire à aucune autre culture, parce qu'on les établit surtout dans des lieux fangeux ou sur des limites de terrains, dans des haies etc.

Nos forêts rapportent 1,078,035 fr. de *première vente*, c'est-à-dire de leurs coupes annuelles livrées aux marchands de bois : c'est ainsi qu'en moyenne elle donnent 7 fr. 27 c. le stère. Pour les terrains plantés, leur produit total annuel ne va qu'à 20,000 fr. ; il est d'une médiocre importance.

§ IV. *Quelques mots sur les travaux agricoles, les instruments de la culture, les amendements et les engrais ; indication des défauts constatés ; progrès à obtenir dans ces diverses parties de l'art.*

Les époques des principaux travaux de la culture particulière à l'arrondissement et le genre des opérations elles-mêmes qu'ils nécessitent, sont : — *Février.* Semailles de féverolles, avoine, pavot, carottes de jardin, ognons, laitue. — *Mars.* Semailles des trèfle, luzerne, sainfoin, vesces, pois, carottes des champs, panais, choux, betteraves, lentilles, lin. — *Avril.* Plantation de la pomme-de-terre ; semaille de l'orge et de la moutarde blanche. — *Mai.* Semaille du chanvre, cameline, colza et haricots ; première coupe de la luzerne ; coupe du sainfoin en vert, repiquage des choux et des betteraves. — *Juin.* Semaille des navets et du sarrazin ; fenaison ; — *Juillet.* Récolte du colza et seigle; semaille du colza. — *Août.* Moisson des céréales ; récolte du lin, chanvre, pavot, féverolles ; — *Septembre.* Récolte de la graîne de trèfle, des pommes-de-terre, houblon, betterave, carotte ; regain ; semailles du blé, du seigle, des vesces ; récoltes des racines ; vendanges; semailles tardives des céréales...........

Mais la plupart de ces travaux nécessitent le *labour* comme préliminaire. Il faut donc dire d'abord comment il se fait dans nos contrées. On n'y sait pas assez généralement de quelle importance est cette opération. Aussi chez nous est-elle trop souvent conduite sans dextérité par des domestiques insouciants ou paresseux, même par des enfants dépourvus de force et du reste inexpérimentés. La terre est ainsi grattée plutôt que travaillée. Rarement donne-t-on alors à la raie le degré de profondeur nécessité par le genre de culture ou la nature des terrains ; on l'évide mal fréquemment encore ; puis, ou bien la bande est mal renversée, ou la largeur de la raie ne se trouve pas constamment en proportion avec sa profondeur ; enfin le sillon ne présente pas toujours une rectitude convenable. Combien ne voit-on pas aussi de sillons mal conformés, et entre eux ou à leurs extrémités des eaux séjournant çà et là ? Cherche-t-on à ramener chaque année du sous-sol en juste quantité?........ Qui ne sait en outre que le labourage est malheureusement fait tard, en bien des endroits, sans motifs plausibles, et que souvent on ne recommence pas cette opération le nombre de fois voulu...... On néglige de herser à fond; des champs restent infectés de mauvaises herbes......... Les semences sont répandues en trop faible quantité ou mal réparties. On ne roule pas assez les terres...... Combien de récoltes compromises par ces divers défauts. Enfin on fait trop fréquemment usage de la jachère dans bien des finages où elle pourrait faire place à des cultures ensemencées..........

Nous voyons encore beaucoup de *charrues* qui, faute d'une bonne construction, fonctionnent mal et font un mauvais ouvrage. Les cultivateurs ne calculent pas assez quand ils font le choix de cet instrument, et les difficultés à le mouvoir qu'y occasionnent soit les frottements qui n'y sont pas toujours bien ménagés, soit le poids de ses pièces, et les fausses directions apportées dans la ligne de tirage tant par le degré d'inclinaison de la haie ou l'élévation de l'avant-train, que par le mode de conformation du coutre, du versoir, du soc, etc. Ils examinent peu s'il y a régularité dans les forces qu'ils y appliquent, et si elles sont suffisantes ou non, même si les traits qui les font partir des animaux employés à vaincre la résistance du sol, sont dans les conditions voulues. Ils usent les animaux, s'épuisent eux-mêmes, fatiguent les harnais, perdent en vain des forces souvent plus que convenables, et finissent par opérer une chétive besogne; tandis qu'avec une bonne charrue, bien attelée, hommes et bêtes, instrument et labourage, marcheraient à merveille en faisant un excellent travail..... L'ancienne charrue lorraine encore en usage en bien des endroits, a tous les inconvénients qui viennent d'être cités. Il est vrai que les charrons de nos campagnes l'ont déjà avantageusement modifiée; mais malheureusement il arrive souvent que les corrections qu'on y apporte loin de remédier au mal l'aggravent. On emploie déjà, disons-le avec plaisir, plusieurs charrues perfectionnées, comme celle de Dombasle par exemple. Celle-ci a cependant rebuté bien des cultivateurs , parce qu'elle demande à être manœuvrée d'une manière particulière qui exige un apprentissage réel qu'ils n'aiment pas de faire. On peut , ce qui est avantageux , la mettre en fonction avec ou sans avant-train. Elle est ainsi à la fois *araire* et charrue.

Les *rouleaux* mis en usage sont d'ordinaire trop longs et trop légers. Le but de leur action devient ainsi incomplet. Les *herses* ont souvent le même défaut. Notre culture manque de beaucoup d'instruments essentiels. On y trouve bien rarement le *buttoir*, *l'extirpateur*, le *scarificateur*, la *houe à cheval*, le *coupe-racines*, le *hachepaille*, la *rite*, etc. Ces *instruments* ne sont certainement pas à la portée de la culture manouvrière, mais chez le cultivateur aisé , qui a de belles et grandes pièces de terre , le travail deviendrait à leur aide, plus facile , plus régulier , et surtout plus fructueux. Les *semoirs* sont peut-être dédaignés à tort par ces mêmes cultivateurs ; mais ils ont généralement adopté divers autres instruments importants , comme des *cribles* , et surtout des *machines à battre le grain*. La petite culture qui agit surtout à force de bras , emploie utilement la *bêche*, la *pioche*, la *houe ordinaire*, le *crochet*, le *rateau*, la *binette*, la *fourche*, etc.

Quoique le sol soit fouillé , retourné , travaillé plusieurs fois , s'il est épuisé à fond il n'en devient pas meilleur. C'est le cas de recourir aux *amendements*, comme on le voit pratiquer surtout dans le département du Nord et dans l'Alsace où l'on en obtient des effets remarquables. Nous sommes loin d'en être dépourvus. Leur usage est cependant des plus restreints et des plus négligés chez nous. On se contente d'y utiliser des décombres, des boues de routes, des terres, qu'importe souvent lesquelles , car on ne songe guères alors qu'à remblayer un sol trop peu profond, et qu'à niveler un champ ou remonter dans le haut des pentes ce que les eaux en ont entraîné. Mais qu'on le sache, les marnes argileuses si répandues dans nos contrées, sont le correctif naturel de nos terrains trop calcaires ou trop sableux, et, réciproquement, nos marnes calcaires ou les calcaires pulvérulents dont nous ne manquons pas, remédient à la compacité de champs trop argileux, et les rendent plus productifs. Sans doute le transport des amendements est coûteux ; mais fait dans de certaines limites et à des distances peu éloignées, les résultats compensent bien la dépense. Le *marnage* n'est du reste qu'une opération à réitérer à de longs intervalles, et qui s'entreprend en automne, quand les récoltes sont enlevées.

La *jachère* agit aussi comme un amendement, mais comme un amendement des plus coûteux. Par elle, en effet, le sol a le temps de disposer ses sels terreux à la dissolution. Or, comme il faut lui donner pour cela des cultures réitérées, sans récolte, ainsi sans profit direct, sous ce rapport elle doit être évitée. Malheureusement chez nous on y a fréquemment recours, dans la seule vue d'améliorer la terre, de la laisser reposer, de la nettoyer. L'effet est obtenu sans doute, mais quelle perte !

Un excellent amendement peu prisé dans le pays est le calcaire réduit en *chaux*. Il n'agit pas en restituant des parties manquantes au sol, ou en augmentant celles qu'il ne possède naturellement qu'en trop petite quantité. Il réagit simplement sur l'argile qu'il dispose à livrer plus facilement ses sels. *L'écobuage* poussé à fond, se comporte à peu près de même, et a des résultats analogues, tout en ayant aussi l'avantage de rendre le sol moins compacte. Le *chaulage* en grand fertilise, en Angleterre, toutes les contrées de même nature que notre Voëvre et notre contrée de l'Est et du Sud. Les terres, en automne, en paraissent comme couvertes de neige. Près de nous, aux environs de Charmes-sur-Moselle, on y a recours avec profit. Il faut employer 50 à 60 hectolitres de chaux par hectare.

Les *engrais* ont encore plus de puissance que les amendements, puisqu'ils rendent au sol directement, et dans un état presque convenable à être absorbés pour ainsi dire immédiatement par les plantes, les sels que ce sol avait déjà donnés à d'autres plantes, et, en plus, des matières organiques ; certains, en outre, ont une action *stimulante* qui paraît être distincte de la *propriété nutritive*, propriété du reste qui domine dans les principaux engrais et qu'il faut surtout rechercher.

Les *engrais minéraux*, les uns nutritifs, les autres stimulants, sont le *plâtre* réclamé principalement par les légumineuses : nous en faisons un usage avantageux pour nos prairies artificielles ; les *cendres lessivées* et surtout *non lessivées*, nous les employons peu, c'est mal à propos ; la *tourbe* et les *chaumes* brûlés, on y a recours quelquefois ; le *sel*, cette substance est à l'étude, attendons qu'il soit prononcé sur son emploi avant d'en faire usage. La théorie est pour elle, le préjugé aussi, la pratique viendra peut-être à l'appui d'aussi puissantes recommandations ; l'*ammoniaque* pure ou alcali volatil, et ses sels, comme le *sulfate* d'*ammoniaque* par exemple, jouissent d'une véritable faculté fertilisante : un jour sans doute on arrivera à les avoir à bon marché, et on les unira à diverses substances, pour les répandre dans nos terres sous forme d'engrais minéral, quoique imitant l'engrais de nature animale.

Les *engrais animaux* consistent dans le sang des boucheries que nous perdons ; dans les bestiaux, chiens, volaillesetc, qui m eurent de maladie, et que nous enterrons ; dans les débris provenant de quadrupèdes et de volatils, comme vieilles laines, draps usés, cuirs de rebut que nous négligeons ; dans les urines que nous répandons sur les rues, ou dans les matières fécales que nous jettons à la rivière. Ce sont d'excellents engrais ; cependant il semble que nous nous plaisions à les disperser pour n'en pas faire usage.

Les *engrais végéto-animaux* sont formés spécialement par le *fumier*. Nous faisons cas, sans doute, de celui-ci : nous reconnaissons son importance, et néanmoins on le voit placé dans des parges sans fosse, en plein air. Le purin s'en écoule et se perd, substance active qu'on devrait chercher avant tout à retenir. La pluie, de son côté, en lessive la masse et contribue à l'épuiser. La volaille en disperse beaucoup. En été, on ne l'arrose pas, la fermentation en enlève alors une grande partie de l'alcali volatil, autre déchet qu'il éprouve. Ces détails sont pénibles à donner, mais exacts. Nous perdons ainsi moitié de l'engrais que pour bien dire nous employons presque uniquement, et que nous recueillons déjà en si faible quantité. Il faudrait le tenir dans un parge fossoyé, enclos et à l'abri ; l'arroser pendant les chaleurs ; y répandre du plâtre un 50e de sa masse. On devrait recueillir les urines des animaux ou purin, et les additionner d'acide sulfurique (huile de vitriol), ou de sulfate de fer (couperose verte), même de plâtre. L'acide, la couperose et le plâtre, fixent l'alcali volatil. Il serait essentiel encore de ne pas laisser le fumier trop se consommer. Quand il est nécessaire de le conserver, on le convertirait utilement en *compost*, en le mêlant avec des gazons, de la terre végétale, de la marne, de la chaux, diverses plantes même et les moins coûteuses. Ses sucs étant alors retenus, rien ne s'en échapperait en vapeur ou en fluide. On pourrait aussi le faire fermenter dans de l'eau, au moyen de fosses cimentées, et obtenir par là un *engrais liquide* qu'on nomme *lizée*, dont la force fertilisante est extrême.

L'engrais végétal consiste dans certaines plantes qu'on enfouit, après les avoir semées exprès pour cet effet. On les enterre en vert ; mais afin qu'elles donnent une meilleure fumure, il faut avoir la précaution d'agir avant la formation de la graine. Pour cela on emploie des semences peu coûteuses, qui se contentent d'un terrain pauvre, et dont la végétation soit prompte et abondante. Telles sont celles des lupins, de la spergule, du sarrazin, du trèfle incarnat, etc. Cette excellente méthode est tout-à-fait dédaignée dans l'arrondissement. On n'y produit d'engrais végétal qu'en passant de la culture du trèfle ordinaire à celle du blé, quand on renverse la dernière coupe fourragère au lieu de l'enlever. Mais le seigle semé dru avant l'hiver, enfoui à la fin d'avril, fume bien le blé, et engraisse la terre pour trois ans. Les vesces de mars plâtrées, puis enfouies en fleur, produisent le même effet. Il en est ainsi également de la navette d'été et du colza poussés fortement, ou du sarrazin, des lupins, spergule, trèfle incarnat et autres analogues.

---

§ V. — *Revue du bétail considéré comme producteur d'engrais, comme utilité tant pour le travail que pour la rente, et comme objet soit de vente, soit de consommation; extension qu'il faut donner à la tenue du bétail sous ces divers rapports.*

Examinons d'abord quelles sont les espèces d'animaux domestiques que nous possédons, et à quel chiffre moyen leur nombre s'élève. Joignons-y en même temps le relevé des têtes abattues annuellement. Enfin estimons la valeur, mais en masse, de notre bétail sur pied ou mis en consommation. Pour établir un tableau plus significatif, plaçons en regard un état analogue relativement au reste du département.

ESPÈCE des Animaux.		LEUR NOMBRE sur pieds dans l'arrond.	CE QU'ON en abat dans l'arrond	LE NOMBRE SUR pi. dans les 4 autr. arr.	CE QU'ON en abat dans les 4 aut.arr.
Chevaux..................		13.000		57.000	
Taureaux..................		123	175		
Bœufs	au travail dès 3 ans..	1.092	1.200	783	6.722	6.067
	à l'engrais à 6 ans....	208				
Vaches	au travail...........	6.891	7.056	982	53.827	6.554
	à l'engrais.	165				
Veaux..		2.103	7.572	18.193	32.744
Béliers..................		388			
Brebis..................		16.594	35.879	15.741	157.297	48.572
Moutons.................		9.404				
Agneaux		9.443				
Boucs...................		37			
Chèvres		1.369	1.800	932	13.251	4.436
Chevreaux..		394				
Porcs..................		18.597	19.736	101.500	89.773
Anes		600		inconnu.	
Total du nombre.......		80.408 têtes.	45.921	407.790	188.146
Total de la valeur......		4.989.534 francs.	1.898.141	29.336.708	8.892.676

Il y a donc dans notre arrondissement 80,408 têtes de bétail gros et petit, sans compter les oiseaux de basse-cour, les chiens de garde, etc., que nous n'avons pas du faire figurer, puisque nous ne pouvons ni les énumérer, ni en estimer la valeur. Nous abattons annuellement 45,921 animaux, pour contribuer à nourrir 65,493 habitants qui occupent un sol de 112,913 hectares. Dans les autres arrondissements réunis, il y a 407,790 têtes de bétail ; on en abat 188,146, afin de fournir des vivres à une population de 380,498 individus qui résident sur un sol de 496,009 hectares. — Le département à 608 hectares de sol , 445,991 habitants, et 488,198 bêtes sur pieds ; son bétail abattu va à 234,067 têtes. — Nous avons, nous, 13,600 animaux de trait proprement dits, en chevaux et ânes, et les trois autres arrondissements en comptent 57,000. Nous tenons comme bétail de consommation et de rente, dont partie peut être même de trait, des porcs, des chèvres, des bêtes bovines et ovines, au nombre de 67,389 ; le reste du département en a 350,000, comme il a déjà été dit. Nous en abattons 45,921, et il en détruit, 188,146. Il y a ainsi, dans notre arrondissement, relativement à la surface du sol, proportionnellement autant d'animaux de trait que dans les quatre autres réunis. Rélativement à la population respective, nous avons proportionnellement encore plus de bétail de consommation, que n'en possède le reste du département ; chez nous il y a au-delà d'une tête par personne, et dans les autres arrondissements on a moins d'une tête, et cela par personne aussi. Enfin, nous n'abattons que les deux tiers de nos animaux, pendant que les arrondissements qui viennent d'être cités, en tuent un peu plus de moitié des leurs. On peut estimer que nous avons, dans l'arrondissement de Toul, pour 2,660,000 f. de chevaux et ânes, et que le reste du département en nourrit pour 11,400,000 f.; que nous entretenons pour 2,521,054 f. de bétail de consommation et de rente, tandis que les quatre autres arrondissements en ont pour 17,866,708 f.; et qu'enfin nous abattons pour 1,897,141 f., de ce bétail, quand le reste du département en détruit pour 8, 892,676 f. On remarquera que s'il y a, dans ces deux dernières évaluations, une grande différence entre la valeur et le nombre des animaux abattus, c'est que nous usons, chez nous surtout, des viandes de petites bêtes, et d'animaux peu chers, tandis que nos voisins en consomment beaucoup plus de bœufs, vaches, porcs, etc.

Pour première déduction de ce tableau, nous dirons que nous ne sommes pas plus pauvres en bétail qu'on ne l'est partout ailleurs dans le département ; ce qui relève notre arrondissement d'une accusation généralement portée contre lui. Comme il est de principe que l'état de l'agriculture est en rapport avec le bétail, on doit en conclure aussi que cet art n'est pas plus arriéré chez nous que dans les quatre autres arrondissements de la Meurthe, quoiqu'on ait écrit le contraire. Maintenant considérons nos animaux domestiques selon la seule exigence de notre sujet, et d'abord comme *producteurs d'engrais*.

Nous avons en cultures qui réclament plus ou moins d'engrais 68,610 hectares de terres, prés, vignes et jardins. Notre bétail réduit en moutons, peut être évalué à 331,014 de ces animaux ; ce qui en donne près de cinq par hectare. Mais dix seraient nécessaire afin de rendre le sol complètement fertile. Ainsi il nous faudrait accroître nos animaux domestiques jusqu'à l'équivalent de 662,028 moutons, pour obtenir la fumure suffisante de notre territoire cultivé. Nous n'avons donc que moitié du bétail indispensable à la production de l'engrais dont nous avons besoin. En effet, en portant à 730 kil., la nourriture de chaque mouton, nous ne devons recueillir, par année, que 241,640,220 kil. de fumier ; or notre culture en demanderait bien 500,000,000 kil. Notre fumier, en outre, par des causes que nous avons signalées, éprouve un fort déchet qui en réduit considérablement la masse, et la diminue peut-être de moitié. Il nous faudrait donc réellement arriver à conduire sur nos terres quatre fois plus de fumier que nous n'y en mettons aujourd'hui, pour atteindre les limites possibles de notre richesse agricole. C'est ce qui explique pourquoi nous n'obtenons, en moyenne, que 12 hectolitres de blé par hectare, ce qui annonce une moyenne également fort médiocre pour les autres récoltes. Telles sont les causes de la pénurie d'engrais que nous éprouvons, comme tel est aussi le résultat définitif de celle-ci. Pour arriver à la faire cesser, c'est donc d'augmenter le nombre de notre bétail, même de tâcher de le doubler. Pour cela accroissons d'abord la *masse* de nos fourrages, et, pour y parvenir, consacrons-leur 24 ou 30,000 hectares, au lieu de ne leur en donner que 12,000. Nous agrandirons nos greniers et nos fenils à proportion. Nos écuries, bergeries et étables, devront être étendues dans le même rapport, pour tenir à l'aise les nombreux animaux nécessaires à la consommation de cette *masse*. Le fumier alors abondera, et nous récolterons enfin 24 hectolitres de blé par hectare. Les autres productions suivront la moyenne du blé. Les dons de la terre seront doublés, et par conséquent les profits aussi. Ce n'est pas là un résultat donné par la théorie ; il est tout pratique.

Le vieux dicton que je vais citer est encore toujours vrai, et l'on ne doit pas se lasser de le répéter : *sans fourrages point de bétail, sans bétail point d'engrais, et sans engrais point ou peu de récoltes.* Il est, venons-nous de voir, applicable à la situation agricole de notre pays. L'habitant de la campagne le comprend malheureusement mal; aussi l'entend-on souvent y répondre par cette phrase: *quand ma ferme me procurera assez de bénéfices, j'achèterai un complément d'animaux, alors je ferai plus de fumier, et j'engraisserai convenablement mes champs.* On ne peut trop s'attacher à lui démontrer que son raisonnement est erroné. Il y a là une grande tâche à accomplir de la part du Comice. Un jour il sera certainement écouté avec attention, et le pays entier, entrant dans une voie nouvelle, se créera un meilleur avenir.

Nos animaux de *trait* ou de *travail*, sont le cheval surtout, puis le bœuf et la vache qui n'ont cependant cet usage que secondairement, étant plutôt chez nous un bétail de rente et d'abattage ; l'âne, en quelques communes, rend de grand services, soit à la voiture, soit avec le bât. Nous avons de ces divers bêtes de somme et d'attelage en nombre voulu pour les besoins ruraux.

Sous le rapport de la *consommation*, tant en animaux de boucherie qu'en bêtes à abattre à la maison, nous sommes trop souvent tributaires de nos voisins des Vosges, de la Moselle et de la Meurthe même. Nous ne tuons cependant guère que moitié de nos bœufs, tandis que le reste du département, à cause de sa forte population urbaine, les détruit presque tous. Comme lui nous abattons le septième de nos vaches ; mais nous consommons presque quatre fois plus de veaux que nous n'en tenons, et les quatre autres arrondissements n'en abattent pas une moitié en sus des leurs. Nous livrons aussi aux bouchers, presque la moitié de nos bêtes ovines ; ces mêmes arrondissements ne leur en donnent pas le tiers de celles qu'ils ont ; il en est de même des chèvres et chevreaux. Enfin nous mettons à mort plus de porcs que nous n'en possédons, et les arrondissements cités ne consacrent à l'usage de leurs boucheries ou de leurs ménages, que les neuf dixième des leurs. Nous mangeons, il est facile de le voir, toute proportion gardée, autant de viande que le reste du département relativement à notre population ; mais, comme on peut s'en assurer, une bonne partie provient d'animaux importés.

Il est clair par là que nous achetons plus de bétail que nous n'en produisons, alors que nous faisons à peine quelques élèves. Aussi tenons-nous peu d'animaux de *vente* pour l'abattage ; et en livrons-nous à peine de travail au commerce. Le pays souffre de cet état de choses. Beaucoup d'argent qu'il gagne avec tant de peine avec ses récoltes, passe ainsi au dehors. Puis ce n'est pas tout, nos tanneries sont obligées de s'approvisionner, en partie, ailleurs que chez nous ; nos suifs sont peu abondants, etc.

Notre bétail de *rente* est nécessairement affecté aussi de cette fâcheuse situation. Il se trouve d'abord en moindre quantité que celle qu'il devrait présenter ; et, comme il est faiblement nourri, il ne donne que des produits médiocres sous tous les rapports. Ainsi nos laines ne sont pas toutes d'une belle qualité ni d'une abondance suffisante ; le lait de nos vaches n'a pas la réputation de celles de la Meuse, et celles-ci en fournissent bien plus que les nôtres : le beurre, le fromage, la crême, se ressentent également de cette infériorité. Il résulte de là que nous voyons sur nos marchés, les étrangers faire à nos fermiers une concurrence facile, désavantageuse à nos produits. C'est cependant le bétail de rente surtout qui doit indemniser le cultivateur des pertes que lui occasionne la tenue nécessaire d'une écurie, d'une bergerie et d'une étable ! Voyons maintenant l'état dans lequel s'offre, chez nous, chacun de nos animaux domestiques.

Nous avons toujours le petit *cheval* lorrain. Il s'est un peu étoffé depuis quelques années, mais il ne vaut pas celui de la même race qu'on trouve répandu dans les arrondissements voisins où on l'à déjà bien croisé, et où, surtout, on l'entretient mieux. Sa variété est attribuée aux étalons orientaux introduits par le Duc Léopold en 1691. La jument est plus faible que le mâle. On ne remarque plus en lui ce qu'il a dû être primitivement. Il a dégénéré par l'effet tant de l'excès des travaux et d'une mauvaise nourriture, que d'un logement malsain ou incommode, et aussi du défaut de choix dans la saillie. Il s'est peu à peu rapetissé et il a pris alors des formes disgracieuses ; mais il est resté sobre, dur, robuste, facile à nourrir. Ses jambes sont saines, ses pieds sûrs, sa tête un peu forte. Il est adroit, et, malgré le degré moyen de force qu'on lui connaît, il a une énergie qui le rend infatigable. Le percheron, plus fort et plus beau de taille, s'allie bien avec lui et le relève. Ce croissement donne de bons chevaux de trait et même de selle.

Il est important que le Comice encourage l'amélioration de notre espèce chevaline, et en même temps inculque dans l'esprit du public agricole, qu'il ne suffit pas d'obtenir un poulain d'un croisement avantageux, mais qu'il faut l'élever avec soin, ne le mettre au travail qu'à l'âge voulu, et qu'arrivé à l'état d'adulte, on doit surtout proportionner sa nourriture aux services qu'il rend, puisqu'il est de la plus haute importance de le loger convenablement. Sans ces utiles précautions, les effets du sang qu'on mêle au sien pour le régénérer, finissent par s'amoindrir et par disparaître. Ce qui peut principalement engager les cultivateurs à désirer l'amélioration de l'hôte de leurs écuries, c'est qu'un cheval gros d'os et de muscles, fait autant d'ouvrage que deux animaux peu corporés, plus faibles par conséquent, et cependant qu'il n'exige guère plus de nourriture que l'un de ces derniers. En outre, en se livrant dans une mesure bien calculée à l'élève du cheval habilement croisé, ils s'affranchiraient d'un tribut qu'ils payent souvent trop chèrement, et quelquefois pour être trompé, quand c'est sur les foires qu'ils forment leur train ou qu'ils entretiennent leur attelage.

L'âne qu'on trouve dans quelques-uns de nos vignobles, mérite qu'on tente de le multiplier. C'est un animal dont on tire un parti très utile , particulièrement dans les pays de colines. Il vit de peu , est infatigable , monte et descend , même entre les échalas, chargé à dos, sans broncher. D'un prix bien plus bas que celui du cheval, il peut, comme lui, être attelé quoiqu'à des voitures moins pesantes.

La *race bovine* n'est guère plus prospère chez nous que celle du cheval. En quantité insuffisante , d'une force médiocre , mal nourrie bien souvent, privée ainsi de belles formes et d'un bon développement, sa vigueur en souffre, le lait des vaches est alors moins abondant, moins gras, et les peaux, soit de celles-ci, soit des bœufs, éprouvent du déchet. Les graisses , par les mêmes raisons , n'y prennent qu'une faible proportion , et la viande en reste médiocre , d'un poids faible , aussi la campagne fait à peine usage de cette nourriture qui, pour elle, est d'un prix trop élevé. En nous livrant à la production du fourrage nous remédierions cependant à ces défauts avec facilité. L'état de choses actuel s'oppose , on le conçoit, à la multiplication des veaux en quantité voulue pour l'élève ou pour la consommation, et à ce que nous engraissions : ces faits sont constants. Il est urgent de remédier à une plaie aussi douloureuse de notre agriculture. Le Comice ne peut trop s'en préoccuper.

Les troupeaux communs sont un autre obstacle à l'obtention et même à l'entretien de beaux et bons produits des espèces bovine et chevaline. Là les mâles énervent les jeunes bêtes ; ils y sont souvent d'un mauvais choix, trop jeunes, ou trop vieux ou épuisés ; les poulains et les veaux qui peuvent provenir de tels étalons, nés aussi de femelles chétives, contractent nécessairement la médiocrité de leurs parents. Dans les troupeaux communs d'ailleurs les animaux se fatiguent , trouvent peu de nourriture, sont mal gardés, et deviennent par là aisément malades.

C'est avec les taureaux suisses que nous devons croiser notre race bovine, ou avec ceux de la race de Durham, pour avoir des produits remarquables. Mais ici nous répéterons encore ce que nous avons dit à l'occasion des chevaux. Sans soins intelligents, ces produits ne donnent pas les résultats qu'on est en droit d'en attendre.

Notre *mouton*, qu'il serait si avantageux d'améliorer et de multiplier pour l'engrais, la vente, la consommation et la rente, est assez négligé. Sa viande serait cependant très-utile à la campagne. Il faudrait qu'il y fut plus commun, même sous ce seul rapport ; on pourrait au moins faire usage là d'une bonne nourriture dans toutes les maisons. Malgré le peu qu'on en tue dans les villages, sa race s'y éteindrait bientôt, si nous n'en achetions sur les marchés voisins ou sur nos foires. Cet animal, outre de la viande, donne un engrais excellent qu'on ne peut trop désirer. Sa laine est d'une défaite prompte et avantageuse qui indemnise du prix de son entretien. On le vend ensuite avec profit au boucher, quand, pendant trois ans, il a livré plusieurs coupes de sa toison. Sa multiplication est facile. Quoique délicat, mis en troupeau, et moyennant des précautions, il se maintient bien. Mais ici s'élève encore la question des fourrages.... C'est la pénurie que nous en éprouvons, et la nécessité de recourir à la pâture sur des friches, ou à la vaine pâture sur des terrains sans végétation, qui nous empêchent d'entretenir de belles et bonnes bergeries. Les cultivateurs-manouvriers et des personnes étrangères à l'agriculture s'occupent principalement du mouton. Sa race est ainsi nécessairement faible. Le Comice doit donc chercher à la relever. Mais on aurait beau croiser avec succès la brebis avec le mérinos pour la production de la laine, ou avec le mâle de Dishley pour la laine, et en plus pour la chair et le suif, qu'avec de maigres pâtis, une bergerie étroite, humide, peu fournie de fourrages convenables, on n'aboutirait à rien. Ces dernières conditions renferment les principaux éléments de la réussite.

Que dire des *porcs* ? Ils nous coûtent plus qu'ils ne rapportent, à moins de les tenir dans des fermes où il est possible de se procurer des glands ou des faines, où l'on a du lait, du petit-lait, des résidus provenant de la fabrication du fromage, etc., nourriture qui, ajoutée aux pommes-de-terre, à l'orge, aux fourrages verts artificiels, aux débris de jardinage, et aux restes de cuisine, les entretiennent au moindre frais. Malheureusement ces assertions sont loin d'être exagérées. Aussi chez nous on tient peu de truies portières, et, plutôt que d'élever leurs produits, on achète des cochonnets pour les engraisser, moins afin d'en faire marchandise que pour la consommation du ménage. Aussi regarde-t-on peu à la dépense qu'occasionne la venue en bon état des porcs à abattre chez soi. On conçoit alors qu'on n'en livre guère aux bouchers qui s'en procurent surtout hors du pays. Il suit de là que nous tuons plus de cochons que nous n'en avons, et que ceux même que nous formons, proviennent d'élèves pris dans les arrondissements voisins. C'est pour le pays une forte charge. Comment l'en affranchir ? Tout le temps que la culture sarclée sera chez nous aussi peu prisée, et que l'on dédaignera de tenir en grand le cochon pour le laisser soigner seulement par les petits propriétaires ou par les manouvriers, il restera rare, cher, insuffisant aux besoins. Cependant il base la nourriture animale de nos campagnes, et, dans les villes, on en use maintenant beaucoup mis sous forme de lard, de jambon, etc. On a bien cherché à le croiser avec la race chinoise et anglaise, et à en favoriser la propagation, mais jusqu'ici sans grand succès. Ce qui vient d'être dit en indique la cause. Comment améliorer chez nous la porcherie, multiplier ses produits, obtenir des pourceaux, les élever, les engraisser, et ce, à l'avantage des cultivateurs ? C'est là un grand problème posé. Il appartient au Comice de fournir les meilleurs termes propres à en faciliter l'heureuse solution. Sans doute cette société devra, dans cette vue, débuter par exciter à étendre la culture de la pomme-de-terre et des autres racines, des pois, du sarrazin, de l'orge, du maïs....; puis elle aura à indiquer l'utilité des abattis des boucheries, sang et débris, même des cadavres des divers animaux mis à mort pour causes étrangères aux maladies contagieuses... ; ensuite elle appellera l'attention sur l'emploi des aliments chauds ou soupes donnés en petite quantité à la fois... Enfin elle recommandera de réserver des truies pour la portée, en nombre suffisant, tout en sollicitant l'achat de bons et beaux vérats de choix, provenant de races introduites dans un but tout régénérateur de l'espèce, comme le sont ceux du Hampshire, par exemple.

Il est un ordre d'animaux domestiques peu prisés chez nous. C'est la race caprine. Nos *chèvres* sont tenues par des manouvriers, et par de petits propriétaires qui, d'ordinaire, ne sont nullement cultivateurs. Ces bêtes faciles à nourrir et d'un bon profit par leur lait, leur chair et leur peau, mériteraient cependant d'être plus répandues. Ce qui les a fait peut-être mépriser, c'est que conduites en pâture, elles détruisent tous les arbustes qu'elles rencontrent, et se jettent aisément dans les récoltes. En obviant à ces inconvénients, comme il ne faut à ces sobres animaux qu'un fourrage facile à se procurer, ils rendraient certainement plus qu'ils ne coûteraient. Le lait de chèvre a un goût peu agréable, mais transformé en fromage, il procurerait un produit qui serait des plus recherché. Ce sujet n'est pas indigne des soins du Comice.

La *volaille* si avantageuse à la campagne, par les œufs, la chair et les plumes, même par l'engrais qu'elle donne, forme dans notre pays une population ailée incalculable, en canards, cannes, oies, coqs, poules, dindons, dindes, etc. Cette basse-cour, croyons-nous, n'a pas besoin d'être encouragée pour prospérer. Elle est dans un état satisfaisant.

Il est un insecte dont s'occupe l'agriculteur et qui, bien que ne se rattachant pas au bétail, ne peut cependant pas être passé sous silence ici. On voit qu'il s'agit des *abeilles* et de leur produit en miel et en cire. En effet quoique peu répandues chez nous, elles ne laissent pas d'y être assez importantes. Le Comice doit donc, par des encouragements, venir en aide à ceux qui les élèvent.

Cette revue nous porte naturellement à conclure que l'arrondissement de Toul n'est pas pourvu d'un bétail suffisant aux besoins de son agriculture, de son industrie, de sa consommation et de son commerce, que cet état porte une grave atteinte à la propriété de tout le pays, et que si l'on ne parvient à y remédier, il finira par compromettre la tranquillité de nos descendants. En effet, notre population augmente, elle apprend tous les jours à étendre ses besoins réels ou factices, et elle commence même à éprouver certaines des exigences du luxe, qui finiront par demander d'être satisfaites. Si l'on n'arrive, enfin, tout en augmentant les produits du sol, à multiplier les animaux qu'il nourrit, et qui servent surtout de supplément à la nourriture du peuple, il viendra une époque où ce peuple se démoralisera, et sera agité de l'esprit turbulent qui tourmente divers pays , ou bien il cherchera une terre éloignée qu'il croira plus hospitalière , et l'émigration deviendra pour lui une dernière ressource. Heureusement que les travaux nécessités par la coupe des bois de nos forêts, l'abattage de leurs brins morts, la cueillette de leurs fruits, fraises , framboises , faines, glands, noisettes, les produits de la pêche, de la chasse , ceux de l'exploitation des carrières, etc., etc., viennent en aide aux habitants de nos campagnes , sans quoi les défauts de notre situation agricole pèserait déjà, dès aujourd'hui, d'une manière écrasante sur un certain nombre des communes de l'arrondissement. Le Comice a donc à étudier la question de l'extension de notre bétail sous divers points de vue qui , tous, ont un bien grave intérêt , et il devra mettre aussitôt en pratique les moyens qu'il trouvera les plus propres à assurer cette extension.

§ VI. *Études sur le système d'assolement et de rotation en usage dans le pays ; examen de ses résultats ; nécessité d'un changement dans ce système; moyens proposés pour y parvenir.*

Le *système à grains* est le plan de culture le plus répandu dans l'arrondissement. Tout autre même ne s'y présente que comme une exception inapperçue. C'est *l'assolement triennal* ou *céréal pur* qui domine , comme il a déjà été dit, avec cette *rotation : blé* ou *seigle*, puis *avoine* ou *orge*, enfin *labour sans récoltes*. Des trois *soles* ou *saisons*, l'une est donc en *grains d'hiver*, l'autre en *marsages*, et la dernière est mise en *jachère* ou *versaine*. Chaque sole porte à son tour des grains d'hiver et des marsages, avant de se reposer. Le chanvre est placé dans des pièces à part nommés *chenevières*. Quelques plantes oléagineuses ou légumineuses, des pommes-de-terre et d'autres racines, sont tenues dans des *champs séparés* aussi de l'assolement. Les *prés* donnent le foin. Ce système n'est point mauvais en lui-même, surtout quand on dispose de peu d'engrais. Il n'exige que de faibles capitaux et le moins possible de main-d'œuvre ; il égalise le travail de toute l'année, et il approprie parfaitement la terre. On ne l'a donc pas établi sans de justes raisons. Mais la fréquence de sa jachère laisse un tiers des champs sans récoltes, et les prés seuls chargés de donner le fourrage en fournissent trop peu. Delà un bétail restreint nécessairement à un petit nombre, et un manque d'engrais. Il en résulte que le territoire ne peut guère produire que moitié de ce qu'il devrait rapporter avec un autre système. Bien plus il n'est pas susceptible de permettre jamais un accroissement dans la moyenne des produits actuels. A côté de quelques avantages réels, il a donc un des plus graves défauts qui suffit pour justifier toute tentative ayant pour but de le remplacer par un autre exempt de reproches semblables. Aussi a-t-on accueilli divers projets faits dans cette vue, et a-t-on fini par l'altérer sur plusieurs points du pays. C'est de là que vient *l'assolement triennal modifié* que nous voyons se répandre de plus en plus autour de nous. Il a pour base l'occupation plus ou moins partielle de la jachère, principalement par du trèfle, et aussi par de la pomme-de-terre, du colza, des navettes, pois, lentilles, vesces.... La versaine est ainsi constituée partie en *jachère verte*, partie en *jachère morte* simplement fumée. Du blé succède dans ces deux parties de la versaine, des marsages viennent ensuite, puis on renouvelle l'emploi de la versaine pour les récoltes susdites , mais on laisse à l'état dejachère morte la partie qui avait porté trois ans auparavant , et l'on met en jachère verte celle qui était demeurée sans récolte à la même époque. De 18,000 hectares de terre que la versaine de l'assolement triennal pur, forçait à se reposer , et à être ainsi improductive , il y a trente ans, nous n'en avons plus que 12,000 aujourd'hui dans ce cas. C'est une réduction d'un tiers. Cette modification a fait une révolution heureuse dans notre agriculture. Cependant le remède appliqué est bien imparfait. Notre vieil assolement céréal n'est pas souple. Quand le trèfle vient remplacer la jachère , la terre étant salie par deux récoltes à grains successives , il a du mal à bien venir , et souvent il tend à manquer par cela même , puis les récoltes suivantes s'en ressentent. Si c'est la pomme–de–terre qu'on a plantée , elle épuise bientôt le sol déjà fatigué par les céréales précédentes , et nous n'avons pas assez d'engrais pour y obvier bien utilement ; les récoltes suivantes s'en ressentent également.....

Malgré ces imperfections de l'assolement triennal modifié , il faut applaudir à son adoption. C'est un pas vers le progrès. Moins de terrain est perdu , et plus de fourrages sont produits. Puis un tel état de choses conduit à l'introduction de nouvelles modifications plus favorables. Déjà nous voyons quelques variétés de l'assolement sexennal ou quatriennal et de l'assolement alterne , établies dans des fermes ou dans les terres de particuliers intelligents qui cherchent à secouer le joug de la routine. On y tente des expériences sur de meilleurs rotations que la nôtre. On trouve là une disposition à faire passer par suite notre assolement à l'alternat. Et en effet, ce dernier est le seul naturel , le seul capable de tirer du sol des produits abondants et variés sans l'épuiser. Le Comice doit puissamment seconder ces efforts, en s'appuyant près des cultivateurs de l'opinion des plus éminents praticiens, opinion qui est entièrement conforme du reste au sentiment que nous exprimons ici. Ainsi M. Mathieu de Dombasle dit : « Le système triennal fut une combinaison excellente pour notre pays, aux époques où les céréales devaient être exclusivement l'objet de la culture , et où l'on ne sentait pas le besoin de donner une place au trèfle qui doit être maintenant la plus utile comme la plus usitée des récoltes. Invinciblement nous sommes conduits à l'assolement alterne.....» Nous ajouterons aux paroles de ce grand homme, que cet assolement a fait la fortune de l'agriculture anglaise et américaine , qu'il est l'élément de la prospérité de la Flandre, etc. Les chinois qui sont un peuple si arriéré en tant de choses, n'en ont pas d'autre depuis un temps immémorial. Ils lui doivent de pouvoir nourrir l'immense population du céleste empire. C'est que le système alterne est le seul réellement basé sur la nature et les besoins des plantes, sur la composition et les facultés du sol lui-même. Par lui on évite, et ceci est essentiel en agriculture pour obéir à la loi d'alternance , de faire suivre deux récoltes de même genre qui tendent à épuiser la terre de sels terreux et alcalins semblables. Pour cela on place toujours dans cette vue un végétal à grains , puis un fourrage ou une récolte industrielle. Plusieurs des récoltes ainsi intercalées laissent alors en terre des racines servant d'engrais à la récolte suivante. En même temps les mauvaises herbes favorisées par certaines plantes, sont étouffées par d'autres plantes qui leur étant contraires, peuvent être mises en partie dans ce but. Avec un tel système on doit d'ordinaire finir par se passer de pâturage, si la terre est bonne, et on a l'avantage de faire une grande quantité

de fumier, car on peut tenir beaucoup de bétail, même
le nourrir l'été et l'hiver à l'étable. La jachère y est rem-
placée par des récoltes sarclées, excepté dans les très
fortes terres où on la fait revenir chaque 6, 7 ou 8 ans,
selon la nécessité. On fume principalement pour les récoltes sarclées, et pour celles à couper en vert, rarement pour les céréales, afin de ne pas les salir et les
faire verser. Quand on remarque que les grains d'hiver
réussissent mal après les récoltes sarclées, on les fait suivre
par des marsages dans lesquels on sème de la luzerne, du sainfoin, surtout du trèfle qu'on met ainsi aussi
près qu'il est possible de la fumure, et dans une terre
propre. A la suite il vient du blé qui réussit toujours parfaitement, principalement en succédant à un beau trèfle. On
doit chercher à s'arranger de manière à avoir moitié de
la superficie en fourrages, trèfle, racines, vesces etc,
ou luzerne et sainfoin, mais ces deux derniers en dehors
de l'assolement.

Cependant il est, qui ne le sait, un empêchement sérieux
chez nous au changement de l'assolement; c'est la division excessive de la propriété, ou plutôt l'enchevêtrement
et l'enclave des terres qui s'en suivent. Comment alors
cultiver différemment des voisins dont les travaux nuiront
aux vôtres. La vaine pâture et le parcours sont encore
un autre obstacle. On conçoit la suppression légale
future de ceux-ci, mais on ne peut s'opposer de même
à l'état parcellaire de la propriété. Diverses combinaisons
ont été proposées pour remédier à ce morcellement. Il est
bien à désirer qu'enfin on arrive à un arrangement heu-
reux sous ce rapport. On a bien indiqué les réunions
territoriales à l'amiable, en citant l'Angleterre et la Prusse
où elles sont forcées. Elles ont été même essayées avec
quelques succès près de notre arrondissement. Cependant

on a objecté à l'extension générale de ce projet, la diffi- culté d'obtenir un assentiment unanime pour les opérer de gré à gré, et surtout les entraves qu'y apporteraient fréquemment la mort d'un des consentants. Quant à la conversion en loi du même projet, ne serait-ce pas atta- quer la libre possession d'une manière encore plus draco- nienne que ne le fait la loi intraitable des alignements de maisons sur les routes et rues. Comme simple correctif qui serait suffisant selon certaines personnes, on a mis en avant la création d'une multitude de nouveaux chemins d'exploitation qui aboutiraient à peu près à chaque par- celle. Mais il y aurait là un entretien impossible, et on enleverait trop de sol à l'agriculture.

Chose étrange que la position dans laquelle nous nous trouvons vis-à-vis de l'assolement triennal! Il a été pro- posé et répandu à la fin du 14ᵉ siècle par l'italien Barbo. Les puissants de l'époque le voyaient si utile, qu'ils re- coururent à la force pour l'imposer à l'Europe. On con- sacra plus de quarante ans de vrais combats pour lui faire prendre faveur, et aujourd'hui combien de temps nous faudra-t-il employer pour parvenir à le supprimer? Il est maintenant pour ainsi dire comme identifié avec nos cultivateurs. Il s'est réellement si bien infiltré dans les habitudes rurales, qu'il est devenu une véritable se- conde nature agricole. Nous ne pouvons donc pas entrer immédiatement et directement dans l'assolement alterne. Tâchons au moins d'établir alors un *assolement transi- toire* qui, tout en variant les récoltes, leur donnant une succession convenable et ne nous éloignant pas trop du triennat, puisse être appliqué malgré l'enchevêtrement, et aide à nous mener à l'alternat dans un avenir plus ou moins éloigné, mais au moins nous y conduise sûrement et sans secousses. On en a proposé un de ce genre ; c'est l'*assolement triennal composé*, qui n'est à proprement dire qu'un *assolement de six ans*. On le pratique dans quelques arrondissements voisins avec succès, et on l'a essayé dans notre propre arrondissement avec avantage aussi. En voici des exemples. On peut procéder ainsi, d'année en année, en partant de la saison des blés, et après avoir coupé chaque sole triennale en deux. L'une des soles portera : 1ʳᵉ année, féverolles ; 2ᵉ année, blé ; 3ᵉ année, trèfle; 4ᵉ année, blé; 5ᵉ année, avoine; 6ᵉ année, pommes-de-terre. L'autre sole donnera : 1ʳᵉ année, blé; 2ᵉ année, avoine ; 3ᵉ année, pommes-de-terre ; 4ᵉ année, féverolles ; 5ᵉ année, blé ; 6ᵉ année, trèfle. On disposera les récoltes comme il suit dans ce mode d'assolement. La première année, on occupera la saison du blé du triennat, par moitié en féverolles et moitié en blé, la saison de l'avoine par moitié aussi en blé et l'autre moitié en avoine; pour la jachère, on l'emploiera par moitié en trèfle et moitié en pommes-de-terre. L'année suivante, on reprendra les mêmes cultures, mais dans un autre ordre ; ainsi on placera dans la saison du blé, les féverolles là où avait cru le blé, et celui-ci là où avaient été les féverolles ; puis, dans la saison de l'avoine, le blé viendra où l'avoine a été précédemment récoltée, et celle-ci sera semée dans le lieu qui a donné du blé l'an précédent. Dans la versaine, la pomme-de-terre remplacera le trèfle et le trèfle poussera où la pomme-de-terre avait eu place. Ainsi de suite. La dépense est plus forte en modifiant de la sorte l'assolement triennal, mais le revenu est plus grand. Il y a sous ce rapport compensation. On a l'avantage de pouvoir doubler le bétail sans affaiblir le produit en céréales, car celles-ci mieux fumées finissent par donner avec une véritable exubérance. La rotation que je vais rapporter, est encore du genre de la précédente.

D'année en année on met moitié de la sole successivement en blé, fèves, blé, racines, avoine, trèfle; puis l'autre moitié, en racines, orge, trèfle, blé, fèves, blé. Pour plus de facilité à enlever les récoltes, et venir travailler les champs, on peut remplacer les racines par de la navette ou du colza.

Quand la disposition des terres qu'on possède, fait éviter aisément l'enclave, on peut passer d'une manière graduelle plus facile du triennat à l'alternat, en donnant à l'assolement transitoire la forme d'un *assolement quadriennal*. Ainsi par exemple, pour 60 hectares en soles de jachère, de blé, et d'avoine, on mettra avec avantage, 1ᵉʳᵉ année : 15 hectares en froment et 5 hectares en vesces, dans les 20 hectares de la saison triennale du blé ; 10 hectares de trèfle, et 10 aussi d'avoine, dans la saison triennale aussi de l'avoine ; enfin 5 hectares de vesces, et 15 de jachère complète, dans la saison également triennale de la versaine. L'année suivante ou 2ᵉ année, on remplacera le froment, par 15 hectares de trèfle ; les vesces qui accompagnaient le froment et le trèfle, donneront place à 15 hectares d'avoine ; quant à l'avoine, et au semis de vesces qui avait été fait dans la versaine, ils seront suivis de 15 hectares de jachère ; pour la jachère, on l'occupera par 15 hectares de blé. Voilà les 3 soles mises facilement en 4. La 3ᵉ année on fera venir l'avoine après le trèfle, la jachère après l'avoine, le blé après la jachère, enfin le trèfle après le blé. Il y aura moins de sole en céréale il est vrai, mais autant de produit cependant que dans l'assolement triennal. Le fumier sera plus abondant ; le fourrage permettant un surcroît d'animaux, la jachère se trouvera mieux fumée. Si l'on nourrit à l'étable, et qu'on n'envoie plus en pâture, il ne sera même pas besoin d'avoir plus de bétail qu'auparavant. Plus tard on finira par remplacer la jachère par des récoltes sarclées. Alors l'assolement deviendra réellement très lucratif, et complètement alterne.

L'assolement triennal modifié qui s'est établi dans le pays, tout imparfait qu'il est, doit donc être considéré comme utile, et parce qu'il nous a fait sortir de l'ornière, et parce qu'il nous conduit à l'assolement composé qui commence à se produire tant avec la forme sexennale qu'avec la forme quadriennale. Arrivé à ce point de modification, l'assolement triennal ne gênant plus guères les habitudes des laboureurs, ils adopteront peu à peu l'assolement alterne varié selon le sol, selon la contrée, selon les besoins, quoique dans un temps impossible à assigner.

Dans la Meuse on trouve déjà répandu cet assolement quadriennal avec tendance à l'alternat complet. On en retire des produits très satisfaisants. 1re *saison* — année 1re, trèfle ; année 2e, blé de mars, orge ou avoine avec trèfle ; année 3e, légumes ; année 4e, blé ou navette d'hiver. — 2e *saison* — année 1re blé ou navette d'hiver ; année 2e, trèfle ; année 3e, blé de mars ou avoine avec trèfle ; année 4e, trèfle. — 3e *saison* — année 1re, légumes ; année 2e, blé ou navette d'hiver ; année 3e, trèfle ; année 4e, blé de mars, orge ou avoine avec trèfle. — 4e *saison* — année 1re, blé de mars, orge ou avoine avec trèfle ; année 2e, légumes ; 3e, blé ou navette d'hiver ; 4e ; trèfle. Cet assolement donne toujours entre les céréales d'hiver et de printemps, un trèfle et des légumes. Le blé fournit autant que dans le triennal. Les engrais ne sont répandus que dans la saison destinée aux légumes, ou bien sur la navette en couverture pendant l'hiver.

L'ancienne société d'agriculture de Toul avait proposé un assolement de même ordre qui a réussi à des cultivateurs de l'arrondissement. Le voici : 1re année, pommes-de-terre ; 2ᵉ, avoine ou orge avec semence de trèfle ; 3ᵉ, récoltes de deux coupes de trèfle ; 4ᵉ, blé. Une partie du terrain qui reçoit les pommes-de-terre, peut admettre des carottes, disettes, colza etc, semés en lignes. C'est à peu près l'assolement anglais suivant : 1ʳᵉ année, récoltes sarclées, ou alternantes ; 2ᵉ, orge ou avoine ; 3ᵉ, trèfle ; 4ᵉ, grains d'automne.

Bien entendu qu'il n'y a pas de règles générales et sans exception en matière d'assolement, et qu'on peut en établir de libres, c'est-à-dire tenant de telles ou telles modifications, et admettant une grande variété dans la rotation. Ainsi les terres fortes et les terres légères demandent d'être traitées un peu différemment. Dans les dernières, on arrive aisément à supprimer la jachère de bonne heure, à moins d'une crue extraordinaire de mauvaises herbes, et rien ne s'oppose à ce qu'on ne s'y livre à la culture à toutes les époques de l'année ; tandis que pour les premières, quoique les meilleures et les plus fécondes sans contredit, il faut se conduire d'une manière souvent toute autre. Ainsi elles réclament quelquefois impérieusement la jachère, surtout dans le commencement de l'établissement de l'alternat, etc.

Quand le pays sera enfin une bonne fois engagé dans la culture alterne, on pourra, pour le début de cette heureuse époque, appliquer le nouveau système d'assolement en le modifiant selon le terrain. Ainsi dans les terres argileuses très riches, on semera successivement 1°, colza ; 2°, blé ; 3°, trèfle ; 4°, avoine ; 5° fèves. Si leur fécondité est moindre, on remplacera les fèves par une jachère. Sur des champs de cette même nature, mais d'une qualité moins bonne, on débutera par 1°, jachère ; 2°, blé ; 3°, trèfle ; 4°, blé. Et si le terrain est peu profond et fort incliné, ce sera : 1°, colza ; 2°, blé ; 3°, jachère ; 4°, avoine ;

5°, pâturage indéfiniment si l'on le veut. Quand au contraire le sol sera sablonneux, léger, chaud, on mettra avec avantage : 1°, pommes-de-terre, 2°, blé ou seigle selon la fertilité ; 3°, sarrasin ; 4°, trèfle ; ou bien : 1°, pavot ; 2°, blé ; 3°, betteraves repiquées ; 4°, marsages ; ou même : 1°, pommes-de-terre ; 2°, orge de printemps ; 3°, vesces ; 4°, seigle ; 5°, cameline. Lorsque la pauvreté du sol sera extrême, on remplacera les pommes-de-terre par des topinambours ; ainsi 1°, topinambours ; 2°, orge ; 3°, trèfle ; 4°, seigle ou blé.

Dès que le sol et le cultivateur seront au fait du nouveau mode de culture, on l'étendra par des assolements raisonnés de 8, 9, 10, 11 ou douze ans, comme l'intérêt de l'agriculteur et le genre de sa terre l'exigeront.

§ VI. — *État de nos industries agricoles ; ce qu'elles sont et ce qu'elles pourraient être : revenu agricole actuel et à venir.*

On peut classer les industries agricoles en quatre catégories.

Dans la première se trouvent celles qui ont pour but de venir en aide aux travaux des champs. Telles sont les fabriques d'engrais, à peine connues chez nous ; celles des outils aratoires, tenues par nos charrons, trop souvent avec peu de soins ; celle des harnais dont s'occupent nos bourreliers, et convenablement ; celle du ferrage des outils ou instruments de culture et des chevaux, qui est en progrès chez nos maréchaux-ferrants. Au-dessus de ces industries, se place la médecine des animaux. De bons vétérinaires sont établis dans l'arrondissement, mais en petit nombre ; aussi des gens sans instruction les suppléent trop souvent. Que dire de l'industrie des irrigations, des défrichements, des desséchements, etc ? Elle est à peu près ignorée dans le pays.

La seconde catégorie d'industries concerne le bétail dont l'agriculture n'a positivement besoin que pour le travail et pour l'engrais, et qu'il est ainsi nécessaire de mettre en valeur, afin d'en rendre les services purement agricoles moins onéreux. On y distingue celle de la multiplication des animaux domestiques, de leur élève, et de leur engraissement, dont on est peu soucieux dans l'arrondissement. Cependant ce serait l'industrie par excellence pour beaucoup de nos villages. Là où elle a été établie, elle est devenue la richesse du pays. Chez nous on regarde malheureusement le bétail comme un *mal nécessaire*, comme une *charge sans profit* pour le cultivateur. Quelle erreur ! Elle amène à sa suite des industries secondaires importantes, mais peu développées dans nos campagnes, et liées à la production du lait, de la crême, du beurre, du fromage, laines, graisses, suifs, viandes, peaux..... La volaille seule est assez bien traitée dans nos communes et donne, eu égard à son nombre, des résultats notables en viande, œufs et plumes.

Il est une troisième catégorie d'industries qui, ne pouvant guères s'exercer que dans la campagne, appartiennent comme objet de lucre, plus naturellement, à ceux qui y résident, la pêche. La chasse, la tenue des abeilles, la récolte de leur cire et de leur miel etc. s'y rattachent. Le chiffre du profit qu'on en retire chez nous est assez satisfaisant.

Enfin la quatrième catégorie fait écouler les produits, agricoles, en les mettant en œuvre. Parmi les industries qui en dépendent sont l'amidonnerie, la féculerie, les sucreries de betteraves et de fécule, la distillerie de pomme-de-terre. Presque toutes sont inconnues chez nous. La fabrique du vin et de l'eau-de-vie, par contre, y est fort prospère. La bière ne s'y fait que dans quelques centres. Nous avons beaucoup d'huileries, de moulins à grains, de boulangeries. On prépare le chanvre plutôt dans les ménages que dans des ateliers ; des tisserands, à la fois cultivateurs, le mettent en œuvre moins pour le dehors que pour les familles du pays. Enfin le bois est la base d'une foule d'industries qu'exercent nos hommes des champs, les uns devenant, dans les temps où l'ouvrage de la terre laisse de la latitude, bucherons, scieurs de long, charbonniers, même tonneliers..... Sous tous ces rapports nous avons à signaler des progrès remarquables.

On peut estimer, d'après la plupart des statisticiens, le revenu annuel des animaux domestiques, à la moitié de celui des produits agricoles ; ainsi ce serait pour notre arrondissement, 6,832,385 fr. La valeur annuelle due à l'agriculture s'éleverait donc chez nous à 20,497,055 fr. Si l'on joignait à ce chiffre le revenu donné par la seule première mise en œuvre, dans nos campagnes, des divers produits végétaux et animaux recueillis, la somme triplerait. Enfin, si nous jetons un coup-d'œil sur les résultats des industries exercées dans l'arrondissement avec ces mêmes produits, il faudrait dénombrer bien d'autres millions !

Il est donc d'un immense intérêt de s'occuper de l'agriculture puisqu'elle est la source de tant de richesse, outre qu'elle nous nourrit, et qu'elle occupe les quatre cinquièmes de notre population. Ces hautes considérations physiques, morales et politiques, doivent dominer toutes les questions que le Comice doit agiter pour conduire le pays vers le progrès. Si elles peuvent exercer les spéculations du philosophe, baser les calculs de l'économiste, et diriger les vues de l'administrateur, elles touchent en même temps de si près aux intérêts des simples cultivateurs, vignerons, jardiniers, forestiers, elles sont tellement à la portée de la moindre intelligence, qu'elles doivent impressionner très vivement la masse de la population et la rendre docile aux conseils du Comice, association instituée pour lui venir en aide.

En terminant devant le Comice la lecture de ce mémoire, je crois devoir lui rendre compte de la source des documents qui m'ont servi à le composer. Les uns proviennent de mes propres recherches, d'autres m'ont été fournis par diverses administrations, par des agronomes bienveillans ou par des livres dans lesquels j'ai abondamment puisé. Comme les pièces d'un procès peuvent seules servir à asseoir équitablement le jugement d'un tribunal, de même le Comice ne doit estimer mon *esquisse* ce qu'elle vaut, qu'après avoir pris connaissance de la valeur des matériaux qui la composent.

L'esquisse ou ébauche de topographie et de statistique agricoles que je viens de tracer, n'est, comme je l'ai dit dans le préambule, destinée qu'à jeter des jalons pour l'avenir, tout en fournissant pour le moment présent des données utiles à la direction des travaux du Comice. Le peu d'espace dont j'avais à disposer me commandait d'ailleurs de me borner à des indications fort restreintes. C'est ce que j'ai fait.

Commençons d'abord par la *topographie*. J'ai emprunté

une partie du paragraphe que j'y consacre aux eaux, à l'air et au climat, à mon excellent confrère, M. Simonin père, (*Statist. de la Meurthe de M. Lepage*). L'analyse qualitative des terres et des pierres que j'ai rapportée sommairement, a été faite dans un laboratoire de la capitale où, à ma demande, on a bien voulu soumettre à l'examen chimique des échantillons que j'avais donnés dans ce but. J'ai procédé moi-même à l'essai de la nature de nos eaux, en en étudiant quelques-unes des divers terrains argileux et calcaires de l'arrondissement, d'après la méthode très facile indiquée par mon savant compatriote M. Braconnot, mais sans avoir recours à la balance. Un tel essai suffit pour un ouvrage de la nature de celui-ci. Quant à la description des pierres et des terres, ainsi qu'à l'exposé de la structure du sol, etc, sujets mis à la portée des notabilités agricoles qui n'ont pas de prétentions scientifiques, mais qui sont bien au-dessus du commun des lecteurs, j'en assume sur moi toute la responsabilité. Comme je l'avais promis, j'ai évité d'y prendre le langage de la science, et, pour être mieux compris, j'ai cherché à y employer, autant que je l'ai pu, les dénominations consacrées dans le pays, tout en mettant en usage les expressions techniques en agriculture, comme celles de *terres argileuses*, *terres marno-sableuses*, etc, substances que je me suis bien gardé de classer parmi les *roches*, puisque je n'avais pas à les étudier sous le rapport géognostique; c'est une tâche que je laisse à d'autres. Lorsque j'ai dû me servir de mots nouveaux qui n'ont point d'équivalents dans le langage ordinaire, j'ai eu soin d'en donner l'acception, ou de les jeter dans des notes. Enfin j'ai tâché d'être clair, précis et, cependant, de ne pas me borner à d'insignifiantes descriptions. Malheureusement je n'ai rien trouvé dans ce qui a été mis au jour sur l'histoire naturelle de notre arrondissement, qui pût m'être en aide. Mes seules observations m'ont guidé, et, quoique ayant toutes une date antérieure aux faits déjà publiés sur cette histoire naturelle, je n'ai rien remarqué non plus dans ceux-ci qui vint modifier les notions que j'en donne au point de vue purement agricole. Les théories sur la culture que j'ai appropriées à notre localité, sont celles de MM. Liebig et Dumas. Je saisis cette occasion de remercier ici ces illustres chimistes de la bienveillance qu'ils m'ont montrée, et des relations fort obligeantes qu'ils ont bien voulu me permettre d'entretenir avec eux, dans l'intérêt d'une science qu'ils cultivent avec tant de succès, science à laquelle je n'ai pu me livrer qu'en marchant inaperçu très loin derrière eux, quoiqu'en essayant de profiter de leurs leçons.

La *statistique* m'a offert de grandes difficultés à vaincre pour parvenir à en réunir les matériaux. Je me suis d'abord aidé de l'*Essai de statistique agricole du département de la Meurthe*, par M. Monnier, inséré dans le *Bon cultivateur*, 1843 ; de l'article *Agriculture* de M. Chrétien qu'on trouve dans la *Statistique de la Meurthe* par M. H. Lepage ; et du *Rapport sur l'amélioration des animaux domestiques* par M. Masson, que le *Bon cultivateur* a publié en 1842. J'ai eu recours ensuite aux divers *tableaux statistiques* dressés sur différents points plus ou moins agricoles, par l'administration sous-préfectorale, par les contributions directes et indirectes, par le conseil d'arrondissement, etc. Le *cadastre* m'a fourni des données importantes. J'en ai obtenu aussi d'une foule de cultivateurs, vignerons, etc.

Nota. Le Comice ayant voté l'impression de mon mémoire pour faire partie de ses *Annales*, j'ai dû l'insérer dans le recueil de ses travaux. Mais l'impérieuse obligation de circonscrire ce recueil dans un nombre de pages fixe, s'est opposée à ce que je pusse l'y placer dans toute son étendue. Je n'en publie ainsi qu'une analyse.

Lors de la lecture de ce mémoire devant le Comice, la réunion qui comptait des agronomes, des agriculteurs, des vignerons et des vétérinaires, tous fort compétents dans la matière qui y est traitée, a accueilli avec quelque faveur mon travail. Cependant à peine en parût-il une partie dans les Annales, qu'il est devenu, de la part d'un pseudonime, l'objet d'une critique passionnée, insérée dans le *Journal de Toul*, du 29 mars 1848, comme s'il était un danger flagrant pour notre agriculture et pour l'avenir du Comice. Là cet Aristarque *bienveillant* cherche à faire suspecter ma probité scientifique et littéraire qui certes, après vingt-quatre ans d'épreuves, est bien au-dessus de ses atteintes ; il met sous un jour faux des faits bien constatés que j'avance, et il censure aigrement les plus minimes de ceux que j'ai basés sur la géologie locale, n'osant toutefois s'attaquer qu'aux moins importants au point de vue agricole ; il ridiculise enfin à saciété des mots, des phrases, qu'il n'a pas compris ou voulu comprendre : le tout afin de se donner la satisfaction stérile pour l'intérêt public, de déconsidérer un opuscule qui l'importune, poussé qu'il est à écrire cette satire par de pauvres raisons toutes personnelles. Une telle diatribe n'a pu, on le conçoit, trouver grâce devant l'opinion, et le Comice, malgré des phrases qui y sont à son adresse, en s'imposant, à son égard, un silence significatif, a confirmé son jugement. Je m'en tiens satisfait. Loin de moi cependant le désir de repousser la critique ; mais qu'elle soit fondée et polie : alors j'en ferai profit, et j'en remercierai l'auteur.

FIN.

TABLE DES MATIÈRES.

—

www.ingramcontent.com/pod-product-compliance
Ingram Content Group UK Ltd.
Pitfield, Milton Keynes, MK11 3LW, UK
UKHW021624170726
13836UKWH00005B/2027